SOAC的台灣菜

TAIWAN TONGUE　SOAC'S TAIWANESE HOMEY CUISINE

五十四道家庭料理

SOAC 著

序

食物，是我們共通的語言；台灣菜，就是我們的母語。

四年前開始台菜計畫時，寫下了這句話，一方面是想耍帥，另一方面也想把母語說好。從我下廚開始，一直做的都是西餐，花了這麼多時間研究別人的飲食文化，卻發現對這塊養育我長大的土地一無所知，真的很糗。

學做菜很像在辨明人生道路，路只要走熟了就不會錯，做菜時只要了解哪個環節是重點不能走偏，料理自然好吃到讓你傲嬌。本書將秉持量子力學中，心誠則靈的意念，加上作者本人射手座，覺得人生萬事皆心想事成。以此引領料理路上的善男信女，一起拿起菜刀鍋鏟，進入人人會做菜的平行宇宙。

本書提到的料理重點都實用到不行，真心不騙最敢講，畢竟花了很多時間用科普角度研究台式料理，網路上或媽媽之間口耳相傳的配方，都在廚房替各位懶寶寶實驗過了。

你們只要貫徹廢的精神，用最 chill 的態度進廚房，用最低的產能做出最多讚數的菜，依循本書重點指南，讓你的料理人生輕鬆廢過無煩惱。

Soac

附上索董事長玉照一張，
阿母這張照片你喜歡嗎？

攝影：汪德範 / BIOS 提供

目錄

蛋
Egg

麵、飯、餃
Noodle, Rice & Dumpling

肉
Meat

湯
Soup

海鮮
Seafood

蔬菜
Veggie

小菜
Starter

蛋
Egg

番茄炒蛋

Scrambled Egg with Tomato

番茄炒蛋要好吃，我覺得有兩個關鍵，一是蛋要滑嫩，蓬鬆中帶醬汁；二是番茄味要足，不能有青草澀味。要做到這兩件事不難，我們來一一擊破。

蛋要滑嫩，是屬於技巧層面的問題，鍋子在燒夠熱的情況下倒入蛋汁，會立刻冒出香氣，蒸氣膨脹聲此起彼落，蛋液遇到高溫膨脹成金黃色澤的泡泡。這一切都在大火烹煮之間發生，來得很快，大家腦中也有：「煮到這樣可以起鍋了嗎？還是再一

下下」這種聲音吧,有時一個走精,蛋就瞬間毀滅了。

留心控制熟度,蛋汁先煮到七分熟後,迅速混入一旁的茄汁,拌炒到九分熟就可熄火,裝盤後的餘溫還會讓蛋更熟,可別炒到全熟才起鍋。

其二番茄味要足,依賴的是番茄本人完熟的酸甜,要做到這件事不容易,首先超市擺在冷藏櫃的番茄就很難合格,人生真的好嚴苛。番茄這東西比你人生還傲嬌,我要是被冰到冰箱裡,可能會想說拿個枕頭睡一下,但番茄一被冰過味道就淡掉了,同時也無法變得完熟,沒人想吃輕熟小資番茄。

最理想的,是買常溫擺放的番茄,挑顏色紅潤飽滿的,顏色淺代表還生,帶皺紋就是有點老了。回家後放在室溫陰涼處,等個幾天,等番茄熟到快爆開才是最佳品嚐時刻,真的熟到快不行才移到冷藏。夏天可能放一兩天就熟,冬天有時放到第五天都還完好如初。

如果番茄真的太生
最後就偷加一點番茄醬作弊吧

材料 | 2 人份

牛番茄 ………… 2 顆（約 200g）　　蒜頭 ……… 5 顆，切碎

蛋 ……………… 4 顆（約 200g）　　蔥 ………… 1 支，切蔥花

鹽 ……………… 少許　　　　　　　糖 ………… ½ 小匙（可省略）

白胡椒粉 …… 少許　　　　　　　　水 ………… 1 大匙

炒油 ………… 少許

作法

1 番茄去蒂頭切成小丁備用。

2 蛋加入 1 撮鹽巴和白胡椒後打散,最好打到
表面稍微起泡。

3 下油熱鍋,先放入蒜碎用中火拌炒成淡淡的
金黃色,香氣都出來了,然後加入蔥花快速
拌過。

4 加入番茄丁,用中大火炒到出湯汁,需要一
點點時間,然後放入糖和水拌勻,加速煮軟
番茄和增加甜味。

5 等番茄汁稍微收乾後,把番茄推到鍋子旁,
在鍋子空下來的地方倒入 1 ~ 2 大匙的炒油,
然後轉大火將鍋子燒熱。

下油地方不可有汁水
不然油爆會噴到你爆掉^_^

6 燒熱後倒入步驟 2 的蛋汁,蛋汁遇熱會開心
地膨脹定型,迅速炒到半凝固狀後,與旁邊
的番茄攪拌一起。

7 手腳快!趁蛋汁還沒完全凝固前熄火,試吃
一下鹹度看是否需要調整即可上桌。

蒸蛋

Steamed Egg

蒸蛋所追求的，就是質地細緻、表面光滑如鏡，入口軟嫩像布丁一樣。要做到這件事，最重要的就是溫度控制，讓蛋液在文火中慢慢蒸煮到定型。如果心一急火太旺，蛋液就會膨脹的亂七八糟，變成千瘡百孔的海綿。

感情也是如此的道理（這轉折語氣我不點根菸或翹腳行嗎）。

急不得啊，那些青春時魯莽的心，以為付出一切就要得到回報，

殷殷期盼的眼神反而掐死了最後的一絲可能。每個人都有自己的步伐，如果一個在前遲遲等不到回應，走在後頭的也是覺得被莫名情緒勒索。

讓我們從蒸蛋身上，上一堂軟甜的課好嗎？

除了文火慢蒸之外，其次就是要加蓋，蓋子或鋁箔紙都好，蓋在碗公上，成品均勻加熱自然柔嫩。另外，蛋與高湯的比例約為 1：2，用一半的蛋殼秤量高湯，或者倒在量杯裡都行，喜歡質地更軟嫩的人，可以提高高湯的比例。

很多人在蒸蛋時，會放一支筷子在電鍋或蒸籠的蓋子中間，讓蓋子開個小孔，其實也是為了讓溫度降下來的作法。我們實驗過，只要蒸的時候火侯控制好，加上封蓋，蒸出來的蛋就夠漂亮了。

配方提供的是原味，可以額外再放入蝦子或香菇，其實只要你喜歡的料都可以入碗一起蒸。

材料 ｜ 一個中型碗公

室溫雞蛋 ⋯⋯⋯ 2 顆（約 100g）

鹽 ⋯⋯⋯⋯⋯ 1 小撮

室溫高湯 ⋯⋯⋯ 180ml

作法

1 雞蛋加入 1 小撮鹽巴後均勻打散,然後加入
  高湯拌勻,清爽的雞高湯或海鮮高湯最適合,
  可用冰箱剩下的雞湯,或把家裡的滴雞精拿
  出來稀釋。

   # 家裡很苦什麼都沒有
   # 就用白開水做個清爽版

2 想要追求光滑如鏡的表面,就得多花一個功
  夫用濾網篩過。

3 溫柔地倒入容器,這邊真需溫柔,狂沖猛倒
  只會沖出氣泡。

4 如果你想打卡上傳網美照,就用廚房紙巾吸
  掉表面殘留的浮沫。

5 最重要的,用鋁箔紙或保鮮膜蓋住碗的表面,
  這是表面光滑的致勝關鍵。

6 放入蒸籠內或電鍋裡,蒸籠就用穩定中小火
  加熱、保持微滾,一樣都是 15 分鐘。

7 取出時輕輕搖晃,只要蛋液凝固即可,不要
  煮太老囉!

   # 自製高湯若油脂太多
   # 表面會小皺
   # 打雞蛋不要太激烈
   # 以免打入太多空氣變成孔洞

鹹蛋炒苦瓜

Bitter Melon with Salted Egg

要去除瓜裡的苦味不難,將買回來的新鮮苦瓜洗淨後,對剖開來,籽跟瓜膜要用湯匙仔細的刮乾淨,那兒是最苦的地方,把苦去掉,就不苦了。

\# 但苦瓜再苦
\# 哪有人生苦

每天的第一件事,起床,實在苦的要命,苦到爆,我就看過好幾個意志力薄弱的人,永遠醒不來,很可憐。起床後還要面對

生計、各種情緒勒索，以及追劇追不完的焦慮。大衛‧芬奇（David Fincher）和提姆‧米勒（Tim Miller）在動畫影集《愛╳死╳機器人》（*Love, Death & Robot*）中，有段人類被優格統治的故事，從此大家的人生一樣扁平，看起來沒那麼多利益糾葛和私慾，可以的話真想被優格統治啊。抱歉實在熬不出心靈雞湯，艾克這裡，只有滿滿的廢能量。

回這道菜上。怕苦的人，在去籽之後，可將瓜身直接切成薄片，然後撒入一些鹽巴抓過，靜置 10 分鐘後，瓜肉會跟你吐苦水，你聽聽就好別往心裡去，然後用清水洗淨後瀝乾。

完全不想有苦味的話，在吐苦水之後，直接放入沸水內迅速燙過，會消掉大部分的苦味，不過瓜本身的風味也變得會略顯淡薄就是。

在感情裡，有某一派的人注定要苦戀，越是腥風血雨、膠著於現實與生活的拉鋸，越能讓他們感受到愛情的珍貴，迸發出對另一半的愛慕。太過順遂穩定的關係，反而引不起他們的注意。針對這些特殊人種，我建議你們苦瓜連籽都不要去了，反正你們這麼 M，還有什麼苦吞不下肚。對，水象星座就是在說你們。

其實苦瓜也算是滿上進勵志的故事，人們為了品嚐它，硬是從千萬個苦裡找出好滋味，用盡心思料理才能上桌。你看看你，家境比苦瓜好，還在這邊廢？

| 材料 | 2 ～ 3 人份 |

白玉苦瓜 ……… 1 顆（約 450g）	米酒 ……… 1 大匙
鹽 …………… ½ 大匙	蠔油 ……… 1 大匙
炒油 ………… 適量	糖 ………… ¼ 小匙（可省略）
蒜頭 ………… 3 顆，切碎	水 ………… 2 大匙（可省略）
鹹蛋 ………… 2 顆，去殼後用叉子壓碎	

作法

1 苦瓜切半，用湯匙刮去瓜籽與白色的瓜瓤，瓜瓤是苦味的來源，吃不了苦的廢寶們盡量刮乾淨一點，處理好的苦瓜切成約 0.5 公分的薄片備用。

2 苦瓜片加入鹽輕輕搓揉，小心不要捏碎苦瓜片，靜置約 10 分鐘，接著用清水沖掉鹽巴與滲出的苦水，用雙手盡量將苦瓜片擠乾備用。如果你買到的苦瓜很苦，那麼沖掉鹽水後可以再用沸水汆燙一遍，瀝乾備用。

苦瓜過水後要徹底瀝乾
以免等等炒不上色

3 下炒油熱鍋，熱鍋後用中大火將苦瓜片炒至微微焦黃後取出備用。

4 同支鍋子再下一點油，用中火將蒜碎爆香，香氣出來後倒入鹹蛋碎，轉中小火慢慢炒香。翻炒至鹹蛋黃呈現微酥起泡的質地後，加入一大匙米酒拌開鹹蛋。

用純蛋黃來炒
無論香氣或口味都勝出
但我不想浪費鹹蛋白就一起入鍋了

5 轉大火倒入苦瓜片，翻炒讓苦瓜片均勻裹上鹹蛋，加入蠔油和糖調味，試吃看看味道，必要的話可加入額外的鹽和糖。喜歡帶點湯汁配飯的人，可以倒水進去煮開，當下酒菜的話就不用調整濕度囉。

自己常買白玉和翠玉這兩個品種
傳統配方很少放蠔油
但我喜歡這個鮮味哈哈哈

皮蛋豆腐

Chilled Tofu Salad
with Preserved Egg

簡單不代表沒有特色或難度。皮蛋豆腐顧名思義，就是這兩者加上醬汁調味而已。一個好的皮蛋豆腐，要同時把它們夾入口，冷滑的豆腐甘味和微腥的濃口膏黃，在甜醬味中融合成清香。

現在去攤子上點，時不時就會遇到店家只給你皮蛋加豆腐，沒切就算了，連醬汁和蔥花都沒有，我真的是滿頭問號，入口時覺得有夠可憐。

相信仍然有許多人以為皮蛋是泡在馬尿做成的，別鬧了，誰口味這麼重，皮蛋是跟鹼熟成而得到的，果凍狀的蛋白、墨綠的膏黃都是鹼過的關係。然後，也沒辦法千年不壞，真的可以話那太空人不就吃到爆。

大家要做自己的主人，在這個資訊多到爆掉的年代，如何選擇吸收正確不偏頗的訊息，過濾掉那些雜七雜八的罐頭垃圾，是很重要的課題。不要別人傳給你什麼就全盤接受，也不要只固定收看單一媒體，像是同一台成天吹捧造神的電視台。

講到都有點生氣，此時特別適合吃皮蛋豆腐呢！英文標題特別寫了 chilled tofu，吃了就 chill 的豆腐，我最喜歡裝 chill，冰冰涼涼的，這是皮蛋豆腐非常重要的口感，千萬別拿溫豆腐來做。

材料	4 人份	
	皮蛋…………2 顆	白醋………½ 小匙
	嫩豆腐………1 塊	香菜………1 小把，切碎
	醬油…………½ 大匙	蔥…………1 支，切蔥花
	醬油膏………½ 大匙	
	香油…………½ 大匙	

作法

1　皮蛋 1 顆切成 4 等份，嫩豆腐先攔腰橫切 1
　　刀，接著直切成約 1 公分厚的薄片。

2　醬油、醬油膏、香油與白醋一起拌勻成醬汁
　　備用。

3　將豆腐與皮蛋放入盤中，均勻淋上醬汁，撒
　　上香菜與蔥碎即可享用。

＃ 記得挑口感滑順的機器製豆腐
＃ 比粗孔的手工豆腐適合
＃ 帶孔的拿去煮湯燉煮吸味道比較讚

菜脯蛋

Preserved Radish Omelette

我不喜歡菜脯，所以菜脯蛋跟著連坐，每年端午節粽子也特別
請瑞瓊（敝人家母 a.k.a. Rachel）寄上來沒有菜脯的口味。

但身為一個料理工作者，因為自己喜好而完全排斥某一道菜，
太幼稚了些，所以還是硬著頭皮設計了屬於自己口味的菜脯蛋，
混了老菜脯的陳味在厚實的烘蛋裡，如果你也不是菜脯蛋粉的
話，可以試試看這個配方。

一般人看上菜脯蛋的什麼？可惜我永遠不懂它的魅力，就像有些人特別喜歡外型不起眼的對象。

「不知道自己有魅力的人，最有魅力」。

是這樣說的嗎？菜脯的魅力剛好就是我不懂欣賞的，就像只要朋友交到醜男友，身邊的人就會開始謠傳「那他一定是有別的地方有長處啦，真的很長的長處」。說實在的，他一定有我們不知道的魅力，要不然就是朋友鬼遮眼。

或許，菜脯蛋想跟我們說的是（鬼遮眼完現在要來觀落陰了），愛情到最後，其實都是生活，這句話幫我裱起來拜託。

三餐不可能天天都是大餐，人的感官是會疲憊的，生活也是。隨著年紀增長，陪伴在身邊的，通常就是最簡單的那一個人。

轉身親一下自己身邊的菜脯蛋吧
單身的人就做自己的菜脯蛋

材料 2～3 人份

老菜脯 ……… 10g（可用一般菜脯取代）　糖 ………… 1 小撮（可省略）

菜脯 ………… 10g　　　　　　　　　　水 ………… 2 大匙（可用雞高湯）

豬油 ………… 1 小匙（可用炒油取代）　炒油 ……… 1 大匙

蛋 …………… 蛋 4 顆

作法

1 老菜脯用水沖洗乾淨後擦乾，切成碎丁備
用；菜脯洗乾淨，放入水中浸泡 10 分鐘，
取出後瀝乾，一樣切成碎丁備用。

重鹹口味的朋友就別泡水了
保證鹹到再推兩碗飯

2 中火熱鍋，乾鍋直接把兩種菜脯丁放進去烘
炒，將菜脯水氣炒乾、散出香氣。

3 放入豬油輕輕拌炒，增加菜脯風味和體脂肪
攝取，色澤油亮後取出備用。

4 雞蛋加入糖、水和菜脯，用打蛋器死命地攪
打，到蛋汁均勻、稍稍的起泡，這樣煎出來
的蛋會更蓬鬆。

5 同支鍋子內再下炒油，用中大火加熱，記得
溫度要夠高蛋汁才會蓬鬆。倒入蛋汁用鍋鏟
把鍋底已經定型的蛋汁鏟起，讓上頭的生蛋
汁流下，重複直到蛋汁變成半凝固狀。

6 下個步驟要翻面，先用鍋鏟戳一戳菜脯蛋底
部，把黏住的地方分開來。

7 技術很好而且廚房現場有其他人在的話，一
個帥氣地甩鍋就把菜脯蛋翻過來；或者，把
蛋餅對折起來，讓中間微生的蛋汁凝固黏在
一起也行。

麵、飯、餃

Noodle, Rice & Dumpling

蛋炒飯

Egg Fried Rice

一份合格的蛋炒飯，有著舉世皆知的標準：乾鬆米粒拌裹著金黃色蛋汁。

首先，蛋要自己先煎炒到蓬鬆、半熟，外表定型了裡頭還濕滑。如果蛋跟著其他料一起入鍋炒，很容易因為接觸不到鍋面、溫度不夠，變成不堪的樣貌。

蛋要蓬鬆不難，跟米飯同居就需要多一點練習了，手腳太慢適

應不了大火摧殘，炒飯會蛋乾飯硬，各過各的生活；蛋若濕軟配上不乾爽的米飯，兩者就不舒服的泡爛在一起。

掌握生活空間裡彼此的泡泡很重要，不一定要無時無刻膩在一起才是我愛你，人還是得呼吸，炒飯也是。只要找出同居的最短距離，一盤爽口黃亮的炒飯就在眼前。

同居生活連打電動自由都沒有的人 like me
快把這篇給你另外一半看

至於要不要加醬油，是一個假議題，有人喜歡染進醬香的風味，也有人支持就是要吃清爽乾淨的蛋米香。我啊，我是都沒差，反正只要我不在意這個問題，它就是假議題。

我最愛的炒飯，是小時候每天下課，家母拿來餵飽我的番茄醬蝦仁炒飯，這個消費家庭的故事，是不是更顯得我是個純樸顧家的好孩子？

材料 | 2 人份

蛋 …………… 2 顆

鹽 …………… 少許

炒油 ………… 少許

蒜頭 ………… 2 顆，切碎

蔥白 ………… 2 支，切碎

冷白飯 ……… 300g

蔥綠 ………… 1 支，切碎

鹽 …………… 少許

白胡椒 ……… 少許

作法

1 蛋加入 1 撮鹽巴後攪散，蛋汁中有一部分蛋
  白沒攪勻也沒關係。

2 下 1 大匙油熱鍋，用中大火迅速把蛋汁炒到
  蓬鬆、半熟，取出備用。

  # 蛋分開炒是為了讓質地鬆軟
  # 一起炒就是眾人軟爛在一起
  # 聽起來也不錯啦⋯⋯

3 同支鍋子再下 1 大匙的油，鍋熱後下蒜碎和
  蔥白碎爆炒出香氣，變成金黃色。

4 轉大火後放入白飯，用炒勺快速的翻炒開來，
  必要的話輕壓或用炒勺切開來，注意米飯不
  要結塊喔！

5 等到整鍋炒飯都變成精神抖擻的鬆爽狀，就
  代表它們準備好登大人了！倒入半熟的炒蛋
  和蔥綠，撒上少許鹽和白胡椒調味，拌勻後
  試試看鹹度，調整後就可趁熱上桌囉！

油飯

Taiwanese Sticky Rice with Sesame Oil

長大之後才意會，我們家根本是油飯的狂熱鐵粉，任何婚喪喜慶或一整年的節日，送油飯。出門準備搭北上列車時，瑞瓊（家母）也總是急忙從冷凍庫拿出一盒油飯，塞在提袋裡要我帶上去。就連平常電話聯絡，掛掉前都還是在叮嚀冰箱裡的油飯不要放到壞掉了。

我就是在這樣權威的油飯世家長大。

家裡油飯經我多年研剖析後，有兩個特色。一是加了蚵乾，這
應該是海線地區流行的作法。給單純不識的你，蚵乾就是曬乾
濃縮的牡蠣，鮮美的風味從乳白色轉為黑褐，變得更為濃郁，
在油飯裡有畫龍點睛的效果。

沒吃過的人可能會覺得有點腥
這就回到欣賞不欣賞的問題了

其次是糯米的炊法，瑞瓊的配方一樣要將糯米泡水，不過瀝乾
後直接入滾水燙過，然後乾蒸到熟，與一般和水進去電鍋蒸的
方法不同。

我常覺得要背糯米對水一起蒸的比例，很麻煩啊，新米、舊米、
煮的份量甚至長糯米或圓糯米都有點不同，家裡這種泡、燙、
蒸的三部曲，完全不用記比例跟份量開心多了。

小時候從沒想過油飯在生活裡佔了這麼大的比例，是因為太過
日常了，反而不覺得特別嗎？畢竟不像其他好說嘴、拍起來又
時髦的異國菜色，油飯總是看起來台台的，憨直不語。

我們總把台這個字當作罵人的貶義，這樣不行，下次若聽到有
人在說：「你很台誒！」，你就要理直氣壯地站出來回應，「對，
我很台啊！」你不覺得很讚嗎？

其實你可以罵他聳啦
我當初為了戒掉而改用的字推薦給你

052

材料 | 3 人份

圓糯米 ……… 180g	豬絞肉 ………… 30g（或豬肉絲）
蝦米 ………… 2 大匙	鹽 ……………… 少許
乾香菇 ……… 5 朵	白胡椒 ………… 少許
蚵乾 ………… 10 朵（可省略）	醬油 ………… 1 大匙
麻油 ………… 2 大匙	香菜 ………… 1 小把，剁碎
紅蔥頭 ……… 5 顆，切薄片	

作法

1 圓糯米快速過水洗淨，然後泡在清水裡（份量外）至少 1 個小時，水量淹過圓糯米即可。

2 蝦米和乾香菇泡約 15 分鐘直到軟化，香菇擠乾後切薄片。

我覺得乾香菇味道重到爆
所以都會切的很薄以免它蓋過別人

3 蚵乾使用前泡水（份量外）2 ～ 3 分鐘即可。

4 燒沸一鍋水，把糯米瀝乾後放進去，保持微滾燙 2 ～ 3 分鐘，取出後簡單瀝乾。

5 將圓糯米放在紗布（粿巾）裡，上蒸籠蒸 20 分鐘，直到米心熟透。

粿巾就是家裡媽媽拿來做粿的那條布
用來蒸米可幫助排掉多餘的水也透氣

6 沒有紗布的人，就放進電鍋裡蒸，外鍋放 1 杯水蒸到熟。注意糯米別一次煮太多，因為底層透氣不好，量多容易爛掉。

7 開始炒料囉！炒鍋內下 1 大匙麻油，用中火把紅蔥頭片炒香，需要 2 ～ 3 分鐘。

8 接著加入蝦米和香菇慢慢炒出香氣、些微上色，放入豬絞肉不停拌炒到都變白了，最後放入蚵乾快速拌過。

9 將蒸好的米放入炒鍋內，小火加熱並用鹽、白胡椒和少許的醬油調味，鹽和醬油抓到一個鹹度平衡就好。家裡的油飯偏白，多是用鹽調味，我自己則喜歡醬色重一點。

10 熄火後用切拌的手勢快速拌勻，把剩下的 1 大匙麻油也拌進去增加香氣。小心別把傲嬌的糯米給壓爛，上桌前最後一次試吃味道，盛盤後撒上香菜裝飾就完成囉！

滷肉飯

Lu Rou Fan /
Braised Pork on Rice

其實我很怕，會不會這本書還沒發行前，台灣豬豬就已經撐不住了，情況就是這般危急。非洲豬瘟在亞洲各處肆虐，嚴禁攜帶任何相關肉品入境台灣，這將是一場長期抗戰，我也期許這本書成為食譜燈塔、料理長青樹流傳下去賣個一百年，時時提醒肉品入境的危險。但我相信會看這本書的你們都是知青，一定早就身體力行推廣這件事的重要性，對吧！

滷肉飯真的 hen 重要，之於台灣人的情感就像滷汁般濃得化不

開，幾乎人人都說得出自己一口滷肉經。我設計食譜時難免覺得綁手綁腳，怕滷肉警察會出來指著鼻子說，「你這食譜一點都不道地！」

在台灣各地吸收文化養分而持續成長的滷肉飯，早已變成各種不同吸引人的面貌，隨便啦！個人偏好手切的肉丁，比起絞肉的口感還要好上許多，炒成金黃色澤後再滷成 Q 彈透亮的質地，記得要用不沾鍋炒以免噴死自己。

偏甜的醬汁也是我愛的，特別是冰糖先在鍋裡融成焦糖，複雜厚實的甜味讓滷肉飯檔次直接爆表，讚到爆！

除了淋在飯上，和著白麵條也是消滅煮太多的好方法，下白胡椒、鹽巴或一點醬油提味，有蔥的話就切花扔上去，別再放醋啊什麼的去影響味道喔！

材料　　10 人份

豬前腿肉 ……… 750g
（帶皮，5 分瘦肉 5 分肥肉）

豬皮 ………… 100g

炒油 ………… 1 大匙

紅蔥頭 ……… 20 顆，去皮切片

蒜頭 ………… 10 顆，切碎

冰糖 ………… 30g，建議黃冰糖

米酒 ………… 500ml

油蔥酥 ……………… 2 大匙
（作法可參考第 80 頁）

醬油 ……………… 100ml

甘草片 …………… 1 片，可省略

五香粉 …………… 1 小匙

白胡椒粉 ………… ½ 小匙

鹽 ………………… 少許

水 ………………… 500ml

作法

1 先來處理最不想面對的部分，手切肉丁。準備好一把鋒利
的刀子和一顆愉悅的心，將買回來的前腿肉放進冷凍庫 15
分鐘，讓肉硬一點比較好處理。將肉切成 1 公分的片狀；
把肉片疊成像倒下的骨牌（就是拿到同花順會翻開的撲克
牌狀懂嗎？），切成 0.5 公分寬的條狀，再轉個方向切成 0.5
公分寬的丁狀。豬皮一樣切成 0.5 公分大小的丁狀，注意要
找夠乾淨的豬皮，不然就準備拔豬毛到死。

2 下油熱鍋，用大火將肉丁和豬皮炒出油脂和香氣，一次下
太多肉會在鍋子裡出水，比較難炒出香氣和顏色，建議分
2 ～ 3 次下鍋。炒好的肉丁取出備用。

3 不用洗鍋，鍋裡現在如果豬油爆量的話先撈一點出來。同
支鍋子下紅蔥頭和蒜碎爆香，辛香料變得有點金黃色即可
取出備用。

4 鍋子太髒的話可用廚房紙巾擦一下，用鍋內殘餘的油來融
化冰糖。將冰糖鋪平在鍋面用中火慢慢融化，會先變成透
明的糖漿，再慢慢轉深成焦糖色。

5 把剛剛炒好的肉丁和辛香料倒回鍋內，中火加熱持續翻炒
到豬肉裹上焦糖漿的感覺。

6 轉大火，下米酒和醬油燒滾，同時放入油蔥酥、甘草片、
五香粉、白胡椒和少許的鹽，倒入水後攪拌均勻。

這邊的鹽下一點點入味就好
起鍋前會測試鹹度屆時再調整

7 煮滾後撈去浮沫，蓋鍋轉小火悶燉約 2 個小時。燉到質地
軟嫩、肥肉彈啊彈的時候，表示嫩度OK惹，開蓋確認濃度，
如果還湯湯水水的，就掀蓋煮到收汁為止。

8 試吃一下味道，有需要就用鹽或糖調味。燉好後放一晚風
味更好，豬皮的膠質也會乖乖釋出，建議隔天再加熱來吃
最讚。

家常湯麵

Noodle Soup

這道料理作法毫無難度，材料平價好取得，打發一餐、解飢或清冰箱食材都很適合，唯一討人厭的地方就是要花上數小時熬大骨湯。

我也知道花上幾個小時熬好的大骨湯，可以分裝進冰箱冷凍，需要時解凍就成好幫手，但我就是懶，光是起床就用掉一天一半的力氣，一個人吃麵還要熬湯也太苦了吧！

人要懂得變通，處處留一手。

為了減少費時熬大骨湯的次數，除了一次熬多一點之外，用現成的滴雞精去稀釋成高湯是我很常用的方法，主要是易買的市售雞高湯罐頭，沒有讓人放心的選擇，而滴雞精就沒這個問題，對水稀釋開來就是現成的純天然雞高湯。

晚餐多的貢丸湯啊、排骨湯，多煮一碗留下來，隔天的午餐或晚餐就有著落。海鮮也是好發揮的題材，魚骨、蝦頭蝦殼等，加入蓋過材料的水滾 30 分鐘，就是最廢最快的海鮮高湯。

融會貫通，能吸收多少就吸收多少，不能的話就算了，緣分到了自然就會進去你腦海裡。

雖說毫無難度，冰箱有什麼食材都能一起入鍋燙熟，但起鍋前拌入的油蔥是湯麵的香氣靈魂，食材等級會直接影響到湯麵的風味，家裡還是備一包品質好的油蔥酥吧！

材料	大骨湯 3 碗	豬骨············	600g	蒜頭 ·············	5 顆，拍過
		水 ················	2L	鹽 ················	適量
		洋蔥·············	1 顆，去皮切四等份		
	餡料 2 碗	貢丸 ·············	2 顆	芹菜 ·············	1 小把，切細碎
		麵條·············	200g	白胡椒粉 ·······	適量
		油蔥酥 ··········	1 大匙		
		(作法見第 80 頁)			

作法

1 先去掉骨頭腥味，將豬骨放入一鍋冷水中
（份量外，水量蓋過豬骨），用中火慢慢煮
至滾沸，大約 10 分鐘，過程會一直有雜質
和浮末，取出將豬骨過水洗乾淨。

2 製作高湯，鍋內加入水，煮滾後放入豬骨、
洋蔥與蒜頭，保持微滾燉煮約 2 小時，加入
少量的鹽提味。

整個過程可以用家裡任意剩下的湯取代
或者用滴雞精稀釋
或者用罐頭……

3 把湯底濾乾淨，清湯回到鍋內加熱，此時把
貢丸扔進去燙熟，並試試看湯的鹹度，用鹽
巴調整。

剩下的湯密封後冷凍可放到天荒地老

4 另外準備一鍋沸水，水滾後下 1 撮鹽（份量
外），依照包裝建議的時間把麵條煮熟後徹
底瀝乾。

懶人一定會想那麵條跟貢丸一起進高湯煮不行嗎？
不行（我也想啊）
麵條澱粉會讓高湯濁又稠

5 麵條裝碗沖入高湯，放上貢丸、油蔥酥、芹
菜碎與白胡椒粉，喜歡的話可額外淋上一點
香油提味喔。

牛肉麵

Niu Rou Mian /
Beef Noodle

永康街是牛肉麵的一級戰區，從公園榕樹下麵店、老張還有金華國小旁到現在仍人氣不墜的永康牛肉麵，每次下樓覓食都是修煉的開始，要在無止盡的觀光客和當地排隊人龍中求生存。敝人在永康街住了十多年，耳濡目染下成了一名牛肉麵戰士。

腦海裡的牛肉麵印象太鮮明，寫食譜時自然成了那模樣。牛肉要嫩，不光是費時慢熬而已，部位也要選對，以前用牛肋條做過，那個肌肉柴度我實在無法，唯一推薦的部位是牛腱。

湯汁我偏好紅燒醬香，帶點水果明亮的酸甜味，所以放了番茄下去燉，這完全個人喜好。材料表裡的滷包，看完應該就往生了吧？怎麼可能買的齊？打開 google map，找出離家最近的一間中藥行，把配方單拿給他配，或者直接買他現成配好的無妨。

因為要從牛骨高湯開始熬煮的關係，讓這道菜的時間戰線拉的神長，幾乎要耗掉整個下午。想偷懶的話，可以把步驟 1 的高湯，改到步驟 7 一起熬煮，也就是所有人一起入鍋煮，1 小時後撈出滷包，再 1 小時撈出大骨，最後再煮 1 小時直到牛肉軟嫩，結案！

對了，這不是民族性自傲，台灣產牛肉真的自帶特殊香氣，是進口牛完全沒有的味道，原諒我才疏學淺難以用文字描述那股味道，烹煮上台灣牛燉煮時間要比進口牛久一些，肉質才會軟嫩。不只台灣豬豬，大家也要支持台灣牛牛喔！

純台灣黃牛數量太少
市面上幾乎都是黃雜（混種）
還是比進口牛適合做牛肉麵喔
哞

材料

5 ～ 6 人份

| 牛骨湯 | 牛骨 ⋯⋯ 500g | 水 ⋯⋯ 3L |

紅燒牛肉	牛腱 ⋯⋯ 1kg，切成 9x3 公分的大塊	黑柿番茄 2 ～ 3 顆，切塊
	炒油 ⋯⋯ 1 大匙	豆瓣醬 ⋯ 500g
	洋蔥 ⋯⋯ ½ 顆，切片	醬油 ⋯⋯ 120g
	薑 ⋯⋯⋯ 1 小塊（約 30g），切片	冰糖 ⋯⋯ 30g
	蔥 ⋯⋯⋯ 2 支，切段	牛骨高湯 3L
	蒜頭 ⋯⋯ 10 顆，拍過	
	辣椒 ⋯⋯ 1 根	

滷包 (可買現成)	草果 ⋯⋯ 1 顆，拍過	丁香 ⋯⋯ 2g
	陳皮 ⋯⋯ 2g	小茴香 ⋯ 2g
	桂皮 ⋯⋯ 3g	甘草 ⋯⋯ 3g
	花椒 ⋯⋯ 2g	月桂葉 ⋯ 1 片
	八角 ⋯⋯ 1 顆	桂子 ⋯⋯ 3g

| 其他 | 白麵條 ⋯ 適量 | 蔥花 ⋯⋯ 適量 |

作法

1 熬牛骨湯。牛骨放入烤箱內以攝氏 200 度烘烤 1 小時至
  牛骨上色飄香氣，燒滾水後放入烤好的牛骨，燉煮 2 個
  小時後熄火備用，若有浮沫就撈掉。最後量一下份量，
  如果不夠 3L 則補清水至足量。

2 煮紅燒牛肉。下油熱鍋，用中大火依序將牛腱煎炒至表
  面都變成焦黃、香氣四溢，取出備用。

  # 把肉塊煎上色不是為了鎖住肉汁
  # 不要再相信都市傳說了啦都2019了
  # 高溫上色是梅納反應讓你鮮甜爆表

3 同支鍋子內依序炒香洋蔥、薑片、蔥段、蒜頭和辣椒，
  用中火把它們炒到微微上色，若太乾的話就適時補點油。

4 加入番茄繼續用中火炒，直到滲出水分，約需 5 分鐘。

  # 食材出水會讓溫度上不去
  # 所以番茄才最後入鍋

5 真的懶得用很多鍋子，所以我們把鍋內所有東西盛出來，
  湯汁也要喔。額外下一點炒油後，同支鍋子用中小火慢
  慢地翻炒豆瓣醬，這個動作可以讓澀味去掉。

6 倒入醬油和冰糖燒到滾沸，醬香撲鼻這樣，放入步驟 4
  前面炒的所有材料、滷包和牛肉，然後倒入事先熬好的
  牛骨高湯。

7 煮滾後火轉小，讓鍋內湯汁保持微滾，有浮末就撈掉。
  蓋鍋悶煮 1 小時後把滷包取出，以免煮久了苦味跑出來，
  繼續悶煮 1～2 小時直到牛肉軟嫩，用筷子可輕鬆插進
  去。試試味道，用適量的鹽巴或醬油調味。

8 另起一鍋水煮熟白麵條，沖入牛肉湯後撒上蔥花，趁熱
  享用。

地瓜稀飯

Sweet Potato Congee

在陰涼或體虛的日子裡，一碗溫熱的米粥總是能撫慰人心。

小時不懂地瓜稀飯的風情，總將裡頭的地瓜一個一個挑掉，不想在吞咬軟綿的米粥時，忽然來一塊甜膩的地瓜。這個配方是把地瓜剉籤，入口時不影響口感，讓地瓜的甜美融入米湯裡。煮粥時只有水滾前要持續攪拌，以免米飯沾黏在鍋底，熬到最後焦底，攪到滾沸後就可放著讓它煮。如果你不喜歡吃地瓜稀飯，很有可能是被情緒勒索的關係。這應該是台灣人的共同回憶吧，在我爸媽的年代物資匱乏，所以窮人只能用便宜的地瓜籤混入白米熬成粥，日子過得很辛苦。

\# 我 以 前 只 吃 白 粥 不 吃 地 瓜 誒
\# 爸 媽 應 該 以 為 生 了 豌 豆 公 主 吧 真 倒 霉

在我們的年代物資不匱乏了，但只要餐桌上出現地瓜稀飯，話題就會冥冥中被引導到：「你們要知足啊，以前窮沒東西吃，只要有碗地瓜稀飯就滿足了。」

\# O K
\# 餐 桌 上 的 已 讀 不 回
\# 天 啊 我 真 的 太 不 孝 了

材料 ｜ 3 人份

白米 ………… 150g

水 ……………… 1.5L

黃肉地瓜 …… 100g，刨絲

作法

1 白米快速過水洗淨，與 1.5L 的水和地瓜絲一
  起入鍋，大火煮開。過程中必須邊煮邊攪拌
  鍋底，以免米粒沾黏而燒焦。

2 煮到微微滾沸後轉小火，半掩鍋蓋，繼續煮
  15 ～ 20 分鐘即可。這邊開始就不用死命攪
  拌了，但鍋蓋別完全密合以免撲鍋。

3 熄火後靜置 10 分鐘，讓米粒在裡面開心的吸
  飽水分，質地會更濃稠喔！

麻油麵線

Taiwanese Vermicelli with Sesame Oil

說起來,麵線就過滾水燙熟一個工,淋上醬汁和佐料也沒什麼
難度,但就這麼簡單的一個東西,好不好吃卻是天差地遠。

從採買時的挑選就決定你的麵線好不好了,盡可能找到手工麵
線,口感比機器麵線好上太多。手工麵線在麵團裡和了鹽,經
過搥揉後產生韌性,再拉成白髮銀絲。

滑,是麵線最重要的口感。

機器麵線直接用設備切，鹽的比例也不高，感覺只是迷你版的麵條，常常做不出手工麵線的滑順，入口馬上就可分別出來。我不是個反對機械化的人，只要做的天然好吃都行，剛好麵線都沒買過好吃的機器製品就是了。

也因每家放的鹽量全憑師傅喜好，所以不同牌子的麵線煮起來鹹度天差地遠，我們姑且分成大鹹、中鹹和完全不鹹這三種。大鹹真的很激進，一口麵線一口水這樣才有辦法下嚥，解決辦法是入鍋前，先用清水溫柔地沖洗 2 ～ 3 次。

中鹹是最理想的，直接入鍋燙過就好。完全不鹹的麵線最噁，我是買麵線不是麵條啊！大多的機器麵線都不鹹，燙好後還要再用鹽調味，超級不 OK。因為鹽要均勻融化到麵線裡，在沒有醬汁的幫忙下需要點時間，而偏偏麵線就像是火象星座的愛情，一上桌之後是無法等人的，如果你現在拒絕我，那我也沒有什麼好留戀，不出幾分鐘就變成一坨乾硬的屍體了。

我根本就麵線警察啊

擔心食譜看起來太過單調，所以多放了簡易的自製油蔥酥作法，如果可以買到品質好、新鮮又飽滿的油蔥酥，也不一定要自己費工炸喔！

材料	油蔥酥 850ml （約一碗公，或者 就買市售的吧）	紅蔥頭⋯⋯300g 豬油⋯⋯⋯500ml 醬油⋯⋯⋯1 大匙
	麻油麵線 2 人份	麵線⋯⋯⋯3 把（約 150g） 麻油⋯⋯⋯2 ～ 3 大匙 鹽⋯⋯⋯⋯適量 油蔥酥⋯⋯1 小把

作法

1 製作油蔥酥。紅蔥頭去掉頭尾後,把外皮剝
乾淨,然後切成片狀備用。

\# 厚度盡量一致
\# 炸的時間才會一樣

2 豬油放入鍋內,用中大火加熱到約攝氏 110
度,轉中小火放入紅蔥片油炸,不時攪拌讓
油蔥溫度一致。

\# 可以改用鵝油或雞油喔

3 約 5 分鐘後倒入醬油攪拌,繼續炸一下,等
到油蔥酥變色、浮起後,立刻熄火並瀝乾油
蔥酥,平鋪在廚房紙巾上晾乾,必要的話就
翻面一下,保持酥脆。

\# 少量的醬油增添香氣和色澤
\# 冷卻好的紅蔥頭最好密封冷藏保存

4 製作麻油麵線。煮沸一大鍋水,放入麵線快
速煮約 1 分鐘,試吃一下硬度熟了即可撈出
來瀝乾。

\# 麵線太鹹的話足夠的沸水可稀釋鹹度
\# 水太少還會讓麵線過於濃稠

5 淋上麻油後攪拌均勻,試吃一下鹹度,不夠
鹹就再加點鹽和煮麵水拌勻,盛碗後撒上油
蔥酥。

炒米粉

Fried Rice Vermicelli

說到家母的拿手菜，炒米粉絕對榜上有名，任何家族聚會，即便餐桌已是滿滿的魚肉菜飯，她老人家定要備上一鍋放在某個角落，深怕有人吃不飽餓死在客廳。

我覺得自己滿不孝的，平常跟長輩互動都不敢太深入，怕不小心被挖出私生活的瘡疤，畢竟每通家裡打來的電話，結尾都是要我少菸少酒早睡早起精子才會健康。炒米粉教會我的，就是返鄉被親戚追殺時，阿諛讚美他們就對了！只要我媽端上拿手

菜，我就會拿出比主持電視時還要誇張的口吻誇讚她。

「真不愧是竹林米粉瓊，這米粉也太 Q 彈入味了吧？」

然後欣賞她一邊說哪有這麼誇張，一邊鉅細靡遺地解釋下了什麼料、花了多少功夫，扛著家裡重擔炒出這道菜，同時嘴角笑到天高這樣。「竹林」這個稱號是她海線的老鄉竹林里（是里吧？），不是真的住在竹林裡，雖然唸我的時候會懷疑但她真的不是女鬼。

炒米粉要好吃，關鍵就是掌握米粉的軟硬，沒錯話題已經從溫馨的家庭時刻，轉身到了成人世界。

有些米粉不知道是放在蒸籠上往生多久了，又粉又爛，放進嘴裡都覺得不吉利。一個好的米粉，在嘴裡應該仍有十足活力，用舌頭挑弄也不會潰散。

要煮出陽光健彈的米粉，關鍵就在於下鍋的水量，粉 1 水 2，鍋內下多少重量的乾米粉，就下兩倍的水，這個水可以是白開水，可以是泡過香菇、蝦米的高湯水，也可以是自家的高湯，都行。

掌握好這個重點，每一次的起鍋，都是自信硬挺，告別軟爛抬起頭來，一起炒鍋蓬鬆 Q 彈的米粉吧！

材料 | 2～3 人份

乾香菇………2 朵，約 10g

蝦米…………1～2 大匙

炒油…………1～2 大匙

蒜頭…………2 顆，切片

紅蔥頭………3 顆，切片

豬絞肉………80g

高麗菜………3 片，切絲

醬油……………2 大匙

烏醋……………1 大匙

米粉……………約 150g

鹽………………少許

香菜……………1 小把

白胡椒…………少許

作法

1 乾香菇和蝦米泡水至少30分鐘，軟了之後濾起來，香菇水留著做高湯，香菇切成細絲備用。

#趕時間就用熱水
#反正這水最後也變回高湯

2 準備一炒鍋，下熱炒油熱鍋，用中小火慢慢的將蒜頭和紅蔥頭的香氣炒出來，不要炒過頭黑掉了，把火轉大後，放入香菇絲拌炒。

#乾香菇光泡水不夠
#一定要帶油香氣才會炒出來

3 加入蝦米和豬絞肉拌炒，這邊要把絞肉炒到都變白，下鍋後用炒勺迅速拌開，然後攤平在煎鍋上，讓絞肉底部煎一下上色、帶出微微焦黃，再從底部拌開來。別死命地從頭攪到尾，留點時間升溫，煎肉跟談感情一樣，都急不得。

4 加入高麗菜絲翻炒過，我喜歡高麗菜甜味滲進米粉裡，所以切得特別細，想保留口感的話高麗菜就切粗一些。

5 快速拌幾下就可以加入高湯，這份食譜用了150g的米粉，所以我們需要300g的高湯水，把剛剛的香菇水秤一下，加水到300g。

6 把鍋子燒熱，從旁邊淋入醬油和烏醋，有點燒嗆的感覺，然後倒入香菇水煮到滾沸。

7 加入米粉後用筷子拌炒開來別用鍋鏟以免把米粉炒爛，再次滾沸後把火轉小些，讓鍋內保持微滾持續攪拌。

8 收乾後試吃一下確認鹹度和硬度，若不夠鹹就加鹽調整，若太硬就額外加入一點水，煮到個人喜歡的熟度。

9 起鍋後撒上香菜和少許白胡椒粉，炒米粉不管吃冷吃熱味道都很棒喔。

炒 麵

Fried Noodles

做為清冰箱界第一把交椅，炒麵永遠能把多餘食材、剩菜或邊
邊角角巧妙地融合在一起。也就是說，只要你喜歡，任何東西
都能跟炒麵一起入鍋。

一盤好的炒麵要懂得八面玲瓏，什麼人、什麼局都能凱瑞，摸
清對方的底細之後，就可以順著毛摸下去。所以我們要知道，
食材要怎麼處理和入鍋的時間點。

來科普一下，食材切得越細，下鍋的時間點就越晚，因為切細後跟鍋子接觸面多了加熱變快，體積小也快熟。相反的，食材切越大，就要越早加。

我們看這份食譜，蒜頭拍過後，在步驟 2 一開始就整顆入鍋，如果今天把蒜頭切末，那就會放到後面跟香菇一起炒，因為蒜末一開始就入鍋，跟著炒到最後可能都黑了。

入鍋的時間點，我們可從食材會不會出水來判斷，因為鍋內有水就炒不出焦黃。假設你想做番茄炒麵，那加入番茄之前就要把辛香料呀、香菇等都炒香。像這個食譜，加了高麗菜後就會出水，所以醬汁都是跟著在後面放進去。

醬汁裡的蠔油可帶出鮮味
很重要別省略

覺得深奧看不懂的人，也不用回頭看第二次了，你們只是緣分還沒到。只要多下廚，自然就會參透下鍋時間點的奧妙。

最後提醒一下，加了高湯後要把火轉到最大，死命的翻炒，一手前後搖鍋子，一手拿筷子或炒勺攪動，讓麵條在鍋內劃圓跳起舞來，這樣成品才會滑順又香氣四溢。

材料 | 2 ～ 3 人份

炒油…………1 大匙

豬肉絲………50g

蒜頭…………2 顆，拍過

蔥……………2 支（約 20g），切段

洋蔥…………¼ 顆，切絲

紅蘿蔔………約 ⅓ 根，切絲

香菇…………1 大朵（約 20g），切絲

高麗菜………約 ⅛ 顆，切絲

油麵…………300g

雞高湯………150 ～ 200ml
（可用水取代）

烏醋…………1 小匙

蠔油…………1 大匙

米酒…………2 大匙

香油…………½ 小匙

白胡椒………少許

鹽……………少許

作法

1 下油熱鍋，用中大火炒香豬肉絲，表面上色即可撈出不用煮熟。

2 同支鍋子內放入蒜頭和蔥段用中大火炒香，然後加入洋蔥絲、紅蘿蔔絲和香菇片，炒到表面稍微上色，最後放入高麗菜絲炒到蔬菜都軟了。

\# 高麗菜絲容易出水
\# 記得容易出水的都要最後放

3 轉大火後放入油麵拌炒，接著加入材料表剩餘的所有材料和剛剛的肉絲，用筷子不停地拌開麵條，讓它們均勻吃上醬汁。

\# 鹽巴先下一點點就好
\# 家裡有喝剩的清湯都可用來取代高湯喔

4 等麵條質地柔軟滑順，醬汁也收得濃稠時試吃一下，確認熟度和鹹味，麵條還太生就加點開水繼續炒，不夠鹹就用鹽調整。

蝦仁高麗菜水餃

Shrimp and Cabbage Dumplings

做水餃沒什麼難度，上一趟市場材料買齊乖乖照做就是，多包的餃子鋪平在盤子裡冷凍一晚，定型後就可以裝袋，減少冷凍空間。

小時候不覺得水餃這東西也有省籍情結，閩南家庭長大的我，只要家母有空且興致來了，晚餐就有鮮甜多汁的豬肉餃子可以吃，最喜歡媽媽在下鍋前一一詢問全家人，你要吃幾顆？

離家求學後（講的好像很上進其實都在打電動啦），才發現餃子館的老闆，都有眷村伯伯的風格。這塊土地在經過族群撕裂的歷史後，我有很長一段期間避免使用「外省人」這個字，總擔心有歧視或分裂的意思。

直到有天，與外省家庭出生的設計師前輩聊，才了解這枷鎖是我們加在自己身上的。不論本省外省、客家或福建閩南，都只是不同的文化背景，只要我們一起生活在台灣，我們就是台灣人。如果我們避不談這個話題，不去了解彼此的文化，那我們就只是共住在這的室友，而不是一家人啊！

材料 | 約 35 顆

高麗菜 ……… 250g（約 ¼ 顆），切絲

豬後腿肉 …… 50g，細絞
（肥瘦比例為 3：7）

鹽 ……………… 適量

香油 ………… ½ 大匙

醬油 ………… 1 大匙

白胡椒粉 ……… 少許

雞高湯 ………… 3 ～ 4 大匙
（可用水取代）

蔥 ……………… 1 支，切蔥花

蝦子 …………… 75g，去殼切碎塊

餃子皮 ………… 35 張

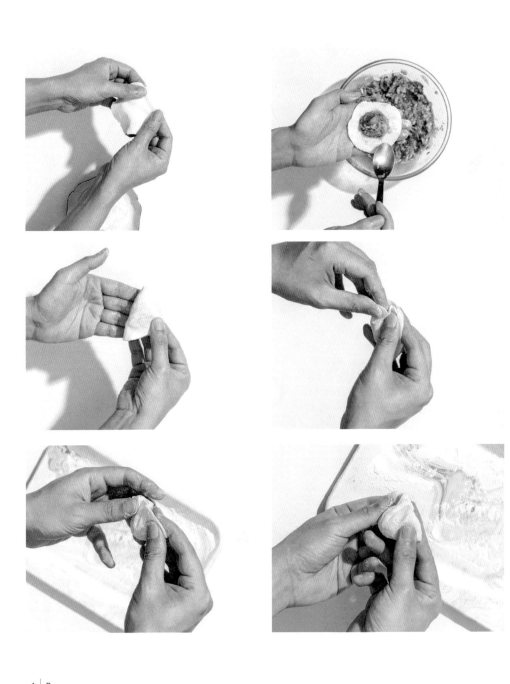

A | B
C | D
E | F

作法

1 製作內餡，高麗菜絲撒上 ½ 小匙的鹽，用手
搓揉均勻後靜置 10 分鐘，等水分滲出後快速
過清水洗去鹽分，然後用力擠乾高麗菜絲備
用。

2 絞肉加入 ¼ 小匙的鹽巴，來回持續攪拌到絞
肉變得有黏性、會牽絲的感覺，接著倒入香
油、醬油和白胡椒粉調味。

3 拌勻後準備打水，打水可讓水餃咬下時爆出
更多幸福的湯汁，將高湯分次加入絞肉中，
同時來回持續地轉圈攪拌，把水分都吃進去。

4 加入蔥花和蝦仁碎拌勻，內餡就完成囉。

不想用罐頭高湯就用滴雞精稀釋

5 取一張水餃皮，先輕輕地拉開，讓皮薄一點，
等等比較好包口感也更好。|見步驟圖 A

6 用任何你喜歡的方式把水餃包起來，水餃皮
夠新鮮帶黏性的話，封口不用沾水也可以黏
緊。

7 我最常做的包法是一一填入內餡後，中間對
折壓緊，左拉三個皺褶後，捏緊開口。|見步
驟圖 B、C、D

8 右邊一樣拉三個皺褶，最後把開口捏緊。|見
步驟圖 E、F

9 煮水餃，準備一鍋沸水，無論新鮮或冷凍的
水餃，微滾煮到浮起來後，計時 1 分鐘撈起
瀝乾即可享用。我自己喜歡醋 2：醬油 1 的
比例，可額外放入蒜頭或辣油調味。

紅油抄手

Spicy Wonton in Red Oil

全宇宙我最喜歡的紅油抄手，就是巷口鼎泰豐店裡賣的，我跟朋友們甚至有固定的吃法。紅油抄手先上，消滅蝦肉抄手之後留下醬汁，店裡服務生手腳神快，得時時盯著以免被收走。晚來的排骨炒飯上桌後，將酸辣香麻的醬汁淋上，不攪拌，追求的是咀嚼炒飯時，不經意地咬到被醬汁泡過的米飯。

「原來你在這啊，找你好久了，小淘氣。」一盤炒飯兩種風情，推薦給同是鼎泰豐玩家的你。

抄手追求的是精巧，與水餃吃個粗飽的路線不同。我們將內餡裡的蔥和薑，另外泡在酒裡提出味道，過濾後再用這個酒來打水，為的是讓口感更為細緻。

看到材料表裡長長的名單，你可能已經開始頭疼這些鬼東西到底要去哪裡買。別擔心，紅油可用現成的辣油，甜醬油裡的香料也可偷懶省略，把心力專注在包抄手就行啦！

材料	紅油 約250ml （可買現成）	辣椒粉 ···· 20g	紫草 ······· 5g（可省略）
		朝天椒粉 10g	草果 ······· 1 顆，拍破（可省略）
		甜椒粉 ···· 5g	花椒粒 ···· 7g
		食用油 ···· 300g	桂皮 ······ 3g（可省略）
		薑 ········· 3 片	甘草 ······ 2 小片（可省略）
		蒜頭 ······· 4 顆，拍過	陳皮 ······· 3g（可省略）
		紅蔥頭 ···· 3 大顆，拍過	白芝麻 ···· 1 大匙，乾鍋炒香
		香菜根 ···· 7 小束（可省略）	
	蔥薑酒 約180ml	蔥 ········· 1 支，切碎	米酒 ······· 200g
		薑 ········· 4 ～ 5 片，切碎	
	甜醬油 約300ml	醬油 ······ 200ml	薑 ········· 2 片
		米酒 ······· 100ml	桂皮 ······· 5g（可省略）
		冰糖 ······· 1 ～ 2 大匙	八角 ······· 1 顆（可省略）
		蔥 ········· 1 支，切段	
	抄手 約30顆	豬胛心絞肉 150g，細絞	蔥薑酒 ···· 40ml
		鹽 ········· ¼ 小匙	劍蝦 ······· 100g，去殼用刀剁成蝦泥
		醬油 ······· ½ 大匙	餛飩皮 ···· 30 張
		香油 ······· ½ 大匙	烏醋 ······· 少許
		白胡椒粉 少許	

tips ————————————————

・製作紅油。混合兩種辣椒粉和甜椒粉，在耐熱的缽內拌
　勻備用。

・油入鍋加熱，冷油直接加入薑、蒜、紅蔥頭和香菜根，
　用中火慢慢加熱到攝氏 140 度，請小心操作。加入剩餘
　所有的中藥材拌勻，熄火浸泡約 2 ～ 3 分鐘直到香氣散
　出，將辛香料過濾，取熱油備用。

對你還需要溫度計才能自己做
紅油買現成的吧

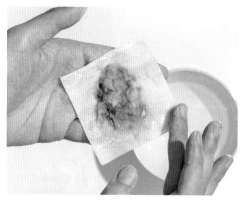

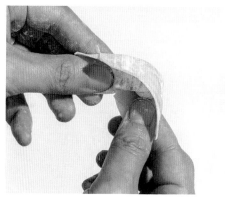
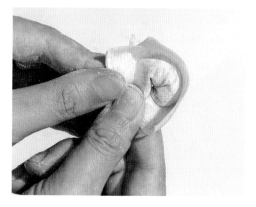

A	B
C	D

作法

1 熱油倒入步驟 1 的粉內,同時攪拌均勻,小心可能會噴喔!拌勻後靜置一晚即可使用。

2 製作蔥薑酒。把切碎的蔥和薑泡在米酒內至少 1 個小時,濾掉備用,時間夠可以事先泡一晚。

抄手小又精巧
若包入太多辛香料的話口感會不好
所以先把味道用酒泡出來

3 製作甜醬油。將甜醬油所有材料放入鍋中,煮滾後轉小火,保持微沸煮 15 分鐘。熄火後過濾醬汁,放涼備用。

4 製作抄手餡,絞肉與鹽巴混合,來回持續攪拌到絞肉變得有黏性、會牽絲的感覺,接著倒入醬油、香油和白胡椒粉調味。

5 分次加入蔥薑酒,來回持續攪打直到吃入水分,最後拌入蝦泥備用。

抄手包劍蝦真的異常鮮美
不好買就是了
用一般蝦子取代也可但甜度有差

6 終於可以包抄手了好苦,抹上薄薄一層內餡,餛飩皮四邊沾濕,對折壓緊。|見步驟圖 A、B

7 大拇指捏住兩邊,向內翻折後重疊處黏緊。
|見步驟圖 C、D

8 抄手放入沸水中煮熟後,瀝乾放入碗內,淋上紅油、甜醬油與一點烏醋享用。

肉
Meat

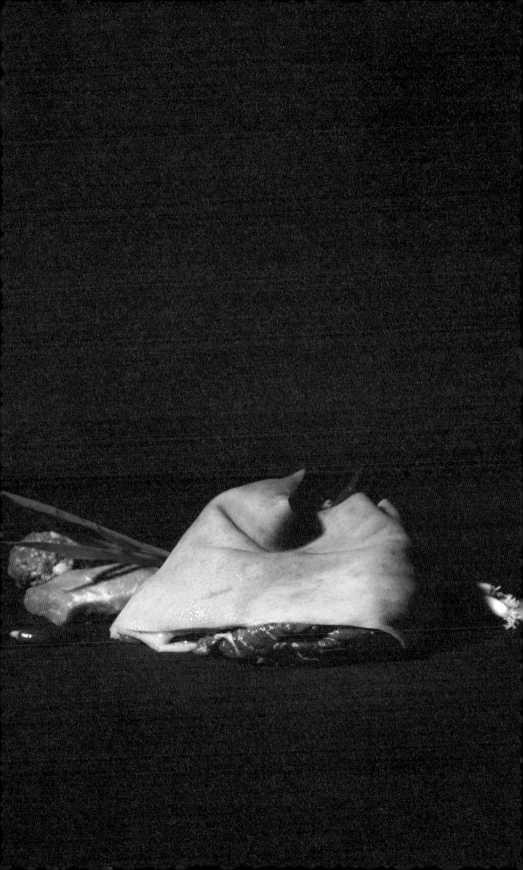

紅燒蹄膀

Braised Pork Knuckle

本書大菜不多，多以快速上桌的家常炒菜為主，是希望煉獄求生的上班族們，能夠在看劇僅剩的瑣碎時間中，快手弄出有基本尊嚴的料理。

但我總覺得平凡的日子裡，也有值得慶祝的時刻，滷蹄膀就很能代表台式的澎湃和喜氣，節慶、生日或朋友出獄（？）都非常適合端上桌。人啊，還是得學幾道拿出來炫技打卡的菜，備好兩把刷子在身上，沒事秀出來洗別人臉，愉悅。

在滷這種大塊的肉料理時，最好挑選厚重一些的鍋子，恆溫效果好，可以保持微滾慢慢地燉煮。為了避免乾柴，建議挑選油花夠的部位，配方裡的蹄膀腿庫或五花肉都很適合。

豬皮和豬油經過燉煮後，告別又肥又油的代名詞，變成琥珀色的膠質甜心，透亮又有彈性，滑嫩的口感配上白米飯或麵條，讓人吃起來特別喜孜孜。

材料	6 人份		
蹄膀	1 付（約 1.2kg）	冰糖	1 ～ 2 大匙
炒油	少許	米酒	300ml
蒜頭	5 顆，拍過	醬油	100ml
薑	40g，切片	水	1L
蔥	2 支，切段	鹽	1 小撮
辣椒	½ ～ 1 根		

作法

1 將蹄膀放入烤箱，用攝氏 250 度高溫雙面各
　烤 15 ～ 20 分鐘，直到整付蹄膀表面變白，
　看起來變得更酥脆。

沒烤箱的朋友請省略此步驟
改過水燙過即可

2 下油熱鍋，用中大火把蒜頭、薑、蔥段和辣
　椒炒出香氣，外表看起來些微上色後，把鍋
　內辛香料全部撈出來備用。

3 同支鍋子再補一點油，放入冰糖鋪平在鍋面
　用中火慢慢融化，會先變成透明的糖漿，再
　慢慢轉深成焦糖色。

4 把步驟 2 的辛香料放回鍋內，並加入米酒、
　醬油燒滾，醬香四溢。

5 放入水和蹄膀，以及 1 小撮的鹽巴，煮滾後
　蓋上鍋蓋轉小火悶燉，每半小時翻面一次，
　燉煮約 3 小時直到蹄膀軟嫩入口即化，最後
　半小時把鍋蓋掀開，讓醬汁收乾變濃稠。

6 試吃一下味道，可再用額外 醬油或鹽調整，
　喜歡的話盛盤上桌後可擺上少許香菜（份量
　外）裝飾。

雞卷

Minced Pork Roll

講到雞卷，大家腦海浮出的應該是便當盒裡，角落那兩塊毫無生氣，口感如塑膠魚板的東西吧？雞卷無雞，取台語「多」的諧音，多出來的剩菜做成卷的意思，以前的人好苦，傳下來的名菜都是剩食或大雜燴。

前兩年開始「台灣燙」計畫，研究了台灣各地的傳統小食，一不小心就設計出美味滿點的雞卷食譜，真的很讚很推。相較之下便當盒裡那兩塊塑膠，根本沒有資格被稱為雞卷，如果我是

雞卷本人被這樣誤解羞辱，一定氣到卷起來。

當時編輯團隊還特別比較了幾間雞卷名店，都覺得遠比不上這份食譜的好，看看我們有多驕傲，心理建設最健康。

製作雞卷不難，討厭的是買菜和油炸，簡直逼人一口氣炸很多，不然那鍋油實在太浪費了。多做的雞卷炸熟後放涼，放冷凍保存，吃之前提早一晚放冷藏退冰，油煎或蒸來吃都好。

配方表裡的魚漿和腐皮比較難買一點，要費心在市場裡找過，但當你嚐到用新鮮魚漿帶出來的自然鮮甜時，一切就值得啦！

材料 3 條（4 人份）

洋蔥末………… 50g		鹽………………… 1 小撮
紅蘿蔔末…… 50g		醬油……………… 1 大匙
芹菜末………… 50g		里肌肉…………… 150g
豬前腿絞肉…· 250g（肥 3 瘦 7）		任意麵粉………… 1 大匙
魚漿………… 140g		水………………… 2 大匙
白胡椒……… ½ 小匙		腐皮……………… 3 張
五香粉……… ½ 小匙		炸油……………… 1 鍋
糖…………… 1 小匙		

作法

1 把洋蔥末、紅蘿蔔末、芹菜末、絞肉、魚漿
　與白胡椒、五香粉、糖、鹽與 ½ 大匙的醬油
　攪拌均勻。

2 里肌肉切長條狀，放入剩下 ½ 大匙的醬油抓
　醃過。麵粉加入水調成略濃稠的麵糊備用。

3 腐皮攤平，在中間抹上一層肉漿、放上一條
　里肌肉再疊上一層肉漿，腐皮用之前再從袋
　子取出，以免乾掉。│見步驟圖 A

4 外圈抹上一層少許的麵糊，增加黏性。│見步
　驟圖 B

5 用包壽司的方式將餡料包入豆皮中，卷起來
　後兩側同時向內折，最後黏緊封好。│見步驟圖
　C、D、E

6 以中小火熱油鍋，油的份量要足以淹過所有
　雞卷。油溫升至約攝氏 90 度時將雞卷放入，
　持續加熱至油起泡，油炸約 15 分鐘～ 20 分
　鐘左右即可起鍋。│見步驟圖 F

　# 炸雞卷比炸其他東西溫度還要低上許多
　# 不會有太多的泡泡
　# 建議用不沾鍋來做以免沾黏

7 雞卷一入鍋就要記得不斷翻轉以免黏鍋。雞
　卷起鍋後瀝油，待溫度降至不燙手（讓雞卷
　定型切片比較不會散掉）即可切片食用。

糖醋排骨

Sweet and Sour Pork Ribs

這道菜的製作，可分為醃漬肉塊、油炸、裹醬三個順序。炸的部分，特別用二次炸的方法，讓肉塊保持軟嫩的口感。

最難的步驟，是第二次下鍋用大火炸到酥脆，炸不難，反正油溫低泡泡小，油溫高泡泡就大，很好控制，難的是怎麼判斷肉塊熟了，太生的話裡頭還帶血腥味，太熟則柴韌到咬不斷，到底何時才能起鍋呢？

炸肉塊實在很曖昧，站在鍋前也被噴得受盡委屈。針對生肉以
上、熟度未滿的問題，只要試吃一口就知道。談戀愛曖昧可別
隨便吃人一口，先生你這叫性騷擾喔！

製作糖醋排骨，適合用帶骨、肥瘦均勻的五花排骨，請肉販直
接切成 3 公分的小塊，非常重要。如果你回家打開袋子，發現
裡面是一整坨沒切的帶骨肉，你絕對現場爆哭一波，然後放進
冷凍庫再也不想看到。為了讓排骨炸出厚實有份量的酥皮，來
巴上糖醋醬汁，步驟 1 裡的粉下比平常多，醃的時候有點黏手，
是對的質地別擔心。

材料 │ 4 人份

排骨醃料 五花排骨 600g 糖………½ 小匙
(請肉販切成 3x3 公分小塊)

醬油……1 大匙 鹽………1 小撮

烏醋……1 小匙 蛋………1 顆

紹興酒…1 大匙 太白粉…8 大匙

糖醋汁 糖………4 大匙 米酒……2 大匙

白醋……4 大匙 番茄醬…3 大匙

其他 炒油……½ 大匙 白芝麻…少許

薑末……1 小匙 (用乾鍋炒香)

糖醋排骨 *Ribs Sweet and Sour Pork Ribs* 糖醋排骨 *Sweet a*

作法

1 混合排骨醃料的所有材料，徹底抓勻後靜置入味至少 15 分鐘，並讓粉漿均勻裹在肉排上。

2 混合糖醋汁的所有材料在一個小碗備用。

3 準備一小鍋炸油（份量外），用中火加熱至攝氏 120 度，排骨分次入鍋用低溫油泡，會起小泡，大概 2 ～ 3 分鐘等外層定型後撈起。

4 再次把油溫升到攝氏 160 度，放入排骨時會起泡，快速炸到表面酥脆。這邊就必須把排骨炸到全熟喔，不確定的話就試吃一塊。

\# 第一次炸是用低溫保持軟嫩
\# 第二次高溫是搶表皮酥脆

5 另起一炒鍋，下 ½ 大匙的油熱鍋後，加入薑末炒香。

6 薑末香氣出來後放入糖醋汁，煮到醬汁變濃稠。最後放入排骨，迅速翻炒讓醬汁均勻掛在肉塊表面，起鍋撒上白芝麻裝飾。

\# 同個食譜換成炸雞塊的話
\# 其實就很像韓式炸雞吃起來很開心

麻油腰花

Pork Kidney in Sesame Oil

腰花要炒得好，火侯掌握很重要，上桌時口感要爽脆宜人，如果過了頭，就是一盤柴老的腰花在等你。食材切花大多是為了兩個目的，一是增加表面接觸面積，方便把醬汁帶走；二是均勻加熱，讓中心跟外層的熟度控制得一樣好。

不過就算烹調時再怎麼留意，買到不新鮮的腰子就完全沒救了，上頭的腎球怎麼去還是有尿腥味，試遍各種網路偏方也沒用。這個時候你能做的，就是痛定思痛，把整付腰子和自己的天真扔進垃圾桶吧！

千萬別想說頭都洗了，別浪費還是硬炒到底，真的沒人想吃腥臭的腰子。這個浪費只能怪自己，當初怎麼會無知到相信那個老闆說的話。相信我，你值得更好的對待，渣男不會因為你幫他泡泡米酒或刮掉筋膜，轉身變成高富帥來報答你，no，他的本質已經爛了，相信自己的勇氣，繳完學費後下一個會更好。

材料 | 3～4 人份

豬腰子⋯⋯⋯⋯ 1 付
(請肉販對切後去除裡面的腎球)

米酒⋯⋯⋯⋯⋯ 5 大匙

枸杞⋯⋯⋯⋯⋯ 1 大匙
(枸杞泡入上方米酒配用)

薑⋯⋯⋯⋯⋯⋯ 8～9 片

麻油⋯⋯⋯⋯⋯ 1～2 大匙

炒油⋯⋯⋯⋯⋯ 1 大匙

鹽⋯⋯⋯⋯⋯⋯ 少許

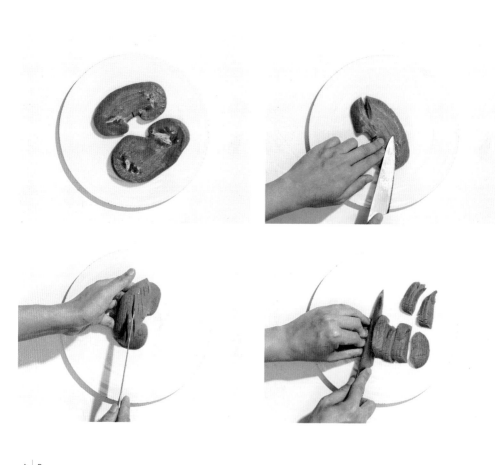

油腰花

Pork Kidney in Sesame Oil

麻油腰花

Pork Kidney in Sesame Oil

作法

1 從市場買腰子就是戰爭的開始,請肉販幫忙對切後,將腰子中心的白色腎球去除,這地方是最腥臭的。買回來後檢查一下,把深紅色肉塊和白色筋膜去乾淨,作法是將腰子打平,兩側也壓平讓中間鼓起,然後把利刃打平橫切掉筋膜。| 見步驟圖 A、B

2 洗淨後,加入約 2 大匙的米酒、1 撮鹽(皆份量外),然後加入可以蓋過腰子的水泡著,備用同時去腥。

3 切腰花。沿著腰子先切出長條紋路,小心別切斷。接著將腰子轉 90 度,依個人喜好再劃 1 ~ 3 刀斜紋,然後將腰子切斷。重複這動作直到切完所有腰子。| 見步驟圖 C、D

切完就泡回米酒水備用
腰花別切太小煮完會縮

4 準備炒腰子,用中小火熱鍋後,先放入薑片乾煸一波,約 1 ~ 2 分鐘等香氣散出來,薑片感覺微微捲曲、變乾了後,鍋內加入炒油翻炒,等到薑片更乾煸一些約 1 ~ 2 分鐘,熄火將麻油和薑片取出。

麻油盡量避免或縮短高溫烹調以免苦味跑出來

5 中大火燒熱鍋子後放入瀝乾的腰花,大火快速爆炒以免老掉,等腰子開始捲曲後倒入枸杞米酒、薑片和麻油,快速翻炒約 30 秒,撒入少許枸杞米酒、薑片和麻油。

6 試吃看看鹹度夠不夠,必要的話就再加入鹽調味。

宮保雞丁

Kung Pao Chicken

如何成為一個高質感的廢人，是需要學問的。

在別人看不到、不在意、不關心時，能躺就躺著，不要輕易消
耗任何熱量，用最低限度活著。但當人們開始注意到你的時候，
保持帥哥，不疾不徐地坐起來秀兩手給他們看（還只是坐著連
站都不想）。

「所以艾克不是不會煮嘛，只是看他想不想而已。」

這就是一個成功的典範，人們知道你有兩把刷子，但不會強逼你做菜，簡直完美平衡。

宮保雞丁就是個廢到爆的改良。傳統作法雞丁要泡過油再炒才會軟嫩，但我實在難以接受，為了吃幾塊肉而弄得滿屋子油煙，炸油處理也麻煩。說到這，廚房爐台上還有一鍋昨天做糖醋排骨剩下的油，真惱人。

只有進化成更好的人，我們才能更廢，想省略油炸的步驟，就得在其他地方花心思。

雞胸天生油脂少，煮過頭就棄權柴在那。為了避免這狀況，你要把肉切的夠小，約莫一個指節大小，而且不能厚，太厚的話為了把中心煮熟，很容易整塊就老掉。只要調整這個小地方，就能逃過油炸地獄，熱量也更符合各位水水們的期待。

<table>
<tbody>
<tr><td>材料</td><td></td></tr>
</tbody>
</table>

材料｜ 3 ～ 4 人份

炒油…………1 大匙	烏醋…………1 大匙（可用白醋取代）
花椒…………3 ～ 4g	糖………………½ 大匙
花生…………60g	雞胸肉…………1 片（約 180g）
蠔油…………½ 大匙	薑………………3 片
醬油…………1 大匙	蔥………………2 支，切長段
米酒…………1 大匙	乾辣椒…………1 把（約 15g）
白醋…………1 大匙	

作法

1 煉花椒油，以中小火熱鍋，放入炒油和花椒
慢慢煸至香氣飄出後熄火，取出花椒棄置不
用，花椒油留於鍋中。

\# 用小火慢慢炒約 2～3 分鐘
\# 高溫會把苦味帶出來

2 生的花生鋪平放入烤箱內，用攝氏 160 度烤
約 40 分鐘到 1 小時，直到花生熟透、上色。
若買到炒熟的，就把皮去掉後用鍋子或烤箱
熱一下，直到花生上色香氣散出來。

3 宮保雞丁是道短時間高溫爆炒的料理，很容
易在大火中迷失自己，先把蠔油、醬油、米
酒、白醋、烏醋與糖倒在容器內備用，等等
才不會暈得手忙腳亂。

4 雞胸切成小塊，這邊我們省略了炸雞胸的步
驟，所以雞胸別切得太大，以免在鍋內久煮
柴掉。家裡剛好有鍋炸油的話，可以先把雞
胸炸過。

\# 但我們都知道
\# 如果可以不炸誰要炸啊

5 取步驟 1 的留有花椒油的鍋子，大火加熱，
然後加入薑片和蔥段爆炒，然後放入雞丁，
用大火煎炒到表面上色，這裡火力要夠大，
不然雞胸會出水並煮老。

6 繼續大火，加入乾辣椒和花生快速炒過，然
後嗆入步驟 3 醬汁，翻炒燒煮至醬汁收乾即
可起鍋。

三杯雞

San Bei Ji /
Taiwanese Three Cups Chicken

這本書大部分的製作過程，都是躺在客廳的懶骨頭上寫完的，腰桿都挺不直呢我。如何廢得精彩、廢出自我，關鍵就是在你起身換氣的瞬間，要驚艷到世人掉下巴，留下完美印象。

製作三杯雞這種大火爆炒的料理時，就是你的換氣時刻，得打起精神站起來應付，準備讓全世界都為了你喝采，手都舉在空中準備鼓掌了。短時間內控制焦香、時間和調味，是非常需要集中注意力的，要做就做到好，不然就躺回去不要起來。

你可能會覺得雙層標準，為何上一個宮保雞丁省略油炸，這邊就建議大家老老實實炸過？原因是宮保雞丁我選雞胸，這道是雞腿，兩者的油炸投資比是完全不同的，雞腿肉過油後真的好吃非常多。

對啦其實是我說了算哈哈哈

材料 | 2 人份

雞腿肉 ………… 1 片，切塊　　　米酒 ……………… 2 大匙

麻油 ………… 1～2 大匙　　　醬油膏 ………… 1 大匙

薑 …………… 5～6 片　　　　烏醋 …………… ½ 大匙

蒜頭 ………… 5 顆，拍過　　　糖 ……………… ½ 小匙

辣椒 ………… ½ 小根，切片　　九層塔 ………… 1 小把，取嫩葉

San Bei Ji /
Taiwanese Three Cups Chicken
三杯雞 San Bei Ji /
Taiwanese Three Cups Chicken 三杯雞 San Bei Ji /
三杯雞 San Bei Ji / Taiwa
三杯雞 San B

作法

1 三杯雞好吃要先炸過，真心痛恨油炸的人，就用大火把肉塊煎到上色，或者，可以跟我一樣半油炸。準備一小鍋炸油（份量外，油量可以淹過肉塊一半高度即可），用中大火熱油，放入雞肉塊用淺油炸到底層金黃上色，翻面一樣炸到稍微上色。這邊只是上色，不要在鍋內太久，不用煮熟。

2 另取一炒鍋，鍋內下麻油、薑片、蒜頭和辣椒，用小火耐心煸到薑片乾皺收縮，記得，麻油不能高溫處理太久，會苦掉。

3 同時將米酒、醬油膏、烏醋和糖倒入容器，混合備用。

4 等到薑片變皺、蒜頭軟化後放入辣椒炒過，接著倒入炸好的雞肉轉大火迅速拌炒。

5 沿著鍋邊嗆入步驟 3 的醬汁，繼續用大火翻炒，雞肉吃進去醬色、湯汁燒得變濃稠後熄火，用餘溫將九層塔拌勻、軟化即可。

苦茶油雞

Chicken in Camellia Oil

做為一道主食，我總覺得苦茶油雞的醬汁略顯單薄，就是混合辛香料風味的雞油和苦茶油，淋在白飯上好吃是好吃，但要推完一整碗飯，對我來說有點太乾又太 gang。

偏偏家母瑞瓊非常愛料理苦茶油雞，晚餐三不五時就會看到，通常吃不完，隔天中午還得繼續窮（ㄎㄧㄥˊ）。小時為了孝道不敢跟媽媽說（但是你寫在這她不就看到了？？？），長大自己在家做的時候，必定熬上一鍋湯或準備些帶汁水的配菜，以免客人吃到喉嚨風乾。

這是道挑戰人類耐心的菜色，蒜頭得慢慢地在油泡中煮軟，雞腿也得慢慢地煸出雞油與苦茶油融合，時不時得翻攪一下。看到這你可能會想說，馬的，怎麼這麼多慢慢地？只能請你認命啦，後面還有更多料理需要慢慢烹調，就當陶冶心性，料理當修行。

材料 | 2 人份

雞腿肉 ………… 1 片，切塊
（帶骨或去骨皆好）

苦茶油 ……… 80ml

薑 …………… 50g，切片

蒜頭 ………… 50g，去皮

鹽 ………………… 適量

米酒 …………… 1 大匙

糖 ………………… ½ 小匙（可省略）

白胡椒 ………… 少許

苦茶油雞 Chicken in Camellia Oil
茶油雞 Chicken in Camellia Oil

作法

1 雞腿肉帶皮切塊，有些人會將雞肉放入冷水內燒滾燙過，我自己覺得有些麻煩，除非雞肉不新鮮或有異味，不然可以省略。

2 鍋內下苦茶油，用中小火把薑片和蒜頭慢慢煸香，大約 2 ～ 3 分鐘直到香氣散出。

3 放入擦乾的雞腿肉，撒上少許的鹽提味，繼續用中火慢慢煸炒到變白，這邊要有耐心，需要在鍋內炒約 5 分鐘。

4 把火轉大，沿著鍋邊加入米酒嗆過，喜歡的話可加入少許糖帶出甜味，拌炒過後試試看味道，不夠就再放點鹽，連著油一起盛盤，撒上白胡椒即可享用。

白斬雞

Sliced Boiled Chicken

射手座的風風火火大家都知道，對我來說，什麼東西都是來去一瞬間，跟剛剛坐下來認識的新朋友，也可以立刻談到心坎裡，直來直往就是我的作風。

白斬雞可不是這回事，需要你耗盡耐心相處，長時間等待熬煮、燜泡和冷卻，有夠慢熟，慢熟到我怕，深怕火力過大時間過趕的話，肉質就擺爛不軟爛。好在等待的時間你是自由的，把筆電帶進廚房裡，告訴同居人說你在做菜不要來吵，給你空間獨處，一有空檔就追兩集劇。

科普一下，料理白斬雞時幾乎全程都用小火燉煮，或以餘溫燜著，是因為肉類蛋白質只要加熱到攝氏 60 至 70 度，就已經開始變性跟熟化了，溫度過高只是讓裡頭的汁水加速排放，肉質也變得硬柴。所以煮的時候才要有耐心，別急了就用高溫摧殘你的肉質。

<table>
<tr><td rowspan="3" style="writing-mode: vertical-rl">材料</td><td colspan="2">6 人份</td></tr>
</table>

材料　6 人份

全雞…………1 隻（約 1.5kg），去頭腳	水……………適量
薑……………30g，切片	米酒…………2 大匙
蔥……………2 ～ 3 支，切段	鹽……………1 小匙

作法

1 找一支能放入全雞的大深鍋，放入全雞後注入蓋過雞身的水量，並加入薑片和蔥段。

2 蓋上鍋蓋，用大火煮至滾沸，然後轉小火保持微滾，燉煮10分鐘。

3 時間到熄火，用餘溫燜10分鐘。此時將配方裡的米酒和鹽混合在一起備用。

4 用支筷子戳看看雞肉最厚的地方，就是雞腿與雞身的交界處，如果有血水冒出的話，就蓋上鍋蓋再燜5分鐘。

用餘溫慢慢燜熟可保肉質軟嫩
大火猛滾會讓雞肉老得不像話

5 準備一缽可泡過全雞的冰塊水（份量外），全雞從水鍋裡取出，直接泡冰塊浴，讓肉質緊實，冰鎮降溫後取出用廚房紙巾擦乾。

6 全雞用手抓抹上步驟3的鹹米酒，剩下的全部灌進雞肚子裡，裝在容器內並封緊（蓋子或保鮮膜，你不會想要雞肉吸飽冰箱味）放入冷藏，至少4個小時，最好冰隔夜。

冰夠久的話雞汁會結成凍
白斬雞玩家追求的境界

7 取出全雞分切，找把硬實的剁刀，沒有的話就拿家裡最狠的大刀，將雞隻豎起，一個狠勁連骨直接由上往下剖半。

8 將雞翅和雞腿從關節處切下，雞胸、側腹、背肉直接帶骨切片。擺盤後上桌搭配醬料享用。

蒜頭醬油
辣椒醬油
九層塔混米酒混鹽
沾什麼都好吃好吃

葱爆牛肉

Stir-Fried Beef
with Green Onion

該怎麼介紹這道菜呢？如果你乖乖按照作法，一五一十地買好材料，入鍋炒成一盤，相信我，你一定會愛上你自己，也太有才華了吧。

真的很好吃，好吃到想打一堆裝可愛、浮出愛心的表情符號或注音文，但為了顧及本書的格調是不被允許的。人在鍵盤前，忍不住笑出來，覺得這道菜真的太棒了怎麼會這麼優秀呢？

簡單來說，這是份作弊的食譜，因為我們買了非常好的翼板肉，翼板是牛肩膀上最柔軟的一塊肉，帶厚度的滑嫩口感，咬下去超過癮，一百分的幸福。只要做過一次，你就再也回不去了，什麼肉絲？火鍋肉片？都是過去式了。

步驟 2 的熱鍋冷油很特別，大部分的料理在入鍋時，最好油也熱了，瞬間煎炒出食材香氣。鍋子先熱，冷油跟著馬上下食材，可以避免沾黏，同時在溫熱的狀況下不過度加熱食材，幾乎所有帶粉抓醃的肉片，料理時想保持軟嫩的話，都可以用這個方法，起鍋前用大火翻炒出鍋氣就行了。

材料 | 2 人份

翼板牛肉片 ···· 160g，逆紋切條 蒜頭 ················ 1 顆，切碎

蠔油 ············ 1 大匙 蔥 ···················· 3 支，切段

香油 ············ 2 小匙 辣椒 ················ ½ 根，切片

玉米粉 ········ 1 小匙 米酒 ················ ½ 大匙

炒油 ············ 適量 鹽 ···················· 1 小撮

洋蔥 ············ ½ 顆，切絲

葱爆牛肉 *Stir-Fried Beef with Green Onion*

作法

1 來醃一下牛肉，牛肉條混合蠔油、香油和玉米粉後抓一抓，靜置 15 分鐘讓它入味。

2 炒鍋先乾鍋加熱，熱了後倒入 1 大匙冷油和牛肉，此方法可保持牛肉滑嫩又不太會沾鍋，用中小火快速翻炒牛肉直到表面變色、七分熟左右先取出備用。

3 同支鍋子若髒了就用廚房紙巾抹一下，然後再補 1 大匙的油，燒熱後用中大火炒香洋蔥絲、蒜碎、蔥段和辣椒片，爆炒成略呈金黃色澤，讓洋蔥甜味釋放出來。

4 把牛肉倒回鍋內攪兩下，然後繼續用大火沿著鍋邊嗆入米酒，並將鍋底焦香刮起，翻炒數秒後加入 1 小撮鹽提味。

5 熄火試吃味道，不夠鹹就補鹽，喜歡黑胡椒的人可以盡情地磨一波。

青椒炒肉絲

Stir-Fried Beef with Green Pepper

小時候最討厭青椒了，只要料理沾染青椒的苦味，對我來說就是不潔的，不可能動筷子去夾。自己進廚房後，才發現只要花一點小心思，把裡頭的白膜和籽徹底去掉，就可以避免苦味。

這道菜沒什麼調味，主要就靠鹽和奶油的甜香，青椒絲要切得夠細，入口時才能呈現清脆的雅緻口感。若青椒切粗了，或是發懶切塊就入鍋，鹽和奶油是蓋不住青椒苦味的。

青椒在切成細絲後，會變成完全不同風格的食材，原本的苦澀轉為甘甜，有成熟大人的韻味（年輕人一定想說這就是老猴味啊 damn）。總覺得男人都要學這道菜，懂得燒出青椒肉絲的男人，就不會是壞人吧？村上春樹筆下那些個性冷酷的男主角們，一定每個都會做這道菜。

材料 | 2 人份

翼板牛肉片 ···· 160g，逆紋切絲　　　炒油 ··············· 1 大匙

醬油 ············· 1 大匙　　　　　　　奶油 ············· 1 大匙

香油 ··········· 2 小匙　　　　　　　洋蔥 ··············· ½ 顆，切絲

玉米粉 ········· 1 小匙（可省略）　　鹽 ··················· 少許

青椒 ··········· 2 顆，去籽切細絲

炒肉絲
Stir-Fried Beef
with Green Pepper

青椒炒肉絲
Stir-Fried Beef
with Green Pepper

青椒炒肉絲
Stir-Fried Beef

作法

1 來醃一下牛肉。牛肉絲混合醬油、香油和玉米粉後抓一抓，靜置 15 分鐘讓它入味。

牛肉可用豬肉絲取代

2 處理青椒，剖開來後要把裡面的白膜和籽去得一乾二淨，所有不舒服的味道都是從那來的，除非你很 M 熱愛痛爽，不然就去乾淨。

3 炒鍋先乾鍋加熱，熱了後倒入 1 大匙冷油和牛肉，此方法可保持牛肉滑嫩又不太會沾鍋，快速翻炒牛肉直到表面變色、七分熟左右先取出備用。

4 同支鍋子若髒了就用廚房紙巾抹一下，然後再補 1 大匙的奶油，轉大火加熱，放入洋蔥絲爆香到稍微上色，然後加入青椒絲快速拌炒。

5 這時青椒應該顏色會變成油綠色，倒入剛剛的牛肉絲快速拌炒，並用少許的鹽調味，食材全熟後熄火。

動作要快才可保持青椒脆口質地
軟爛青椒真心噁無法推

6 熄火試吃味道，不夠鹹就補鹽，喜歡白胡椒的人可適量添加喔！

麻婆豆腐

Mapo Tofu

我與麻婆豆腐最常見面的場合，其實是超商裡的燴飯便當，有夠墮落。畢竟閩南家庭出生的我，不常在餐桌上看到這道菜。可能兒子不捧場吧，瑞瓊得不到滿足感，做起來也不帶勁，沒有「今天晚餐媽媽燒了麻婆豆腐喔！」這種雀躍感。

重新喜歡上這道菜，是上了館子後第一次嚐到「麻」的滋味，真的好過癮啊，配上滿滿的白胡椒粉，這是以清淡口味著稱的瑞瓊，不可能下的重手。說到這，好像是因為吃到別人燒的菜，

才愛上麻婆豆腐，對家母實在是很不敬，我出這本書是專門來
羞辱她的嗎，糟糕。

要將花椒麻的滋味帶出來，必須先另外把花椒和炒油下鍋子裡
煸香，用小火熱到整間廚房搬到四川的感覺，火別太旺，以免
燒出花椒的焦苦味。此外，豬絞肉要在鍋子裡，紮紮實實地煎
炒成金黃色澤的乾肉燥，不能妥協。這邊要是沒做足的話，那
白白的肉末實在很可憐，毫無焦香可言。

最後，各位水水要留心的，是起鍋前勾芡的濃度，一定要放足
量的水，讓豆腐把味道吸飽燒進去，質地仍保滑口柔軟。加入
芡水後，在還有點偏濕時就可起鍋，免得餘溫讓醬汁收得太濃，
入口時容易顯得乾澀喔！

說到這，今年的年夜飯就端麻婆豆腐上桌好了，我也想讓媽媽
嚐嚐我喜歡的辛辣口味，讚。

材料

4 人份

炒油 ………… 1 大匙	醬油 ………… 1 大匙
花椒粒 ……… 3g	糖 …………… ½ 大匙
（追求極致的就放兩倍吧）	嫩豆腐 ………… 1 盒，切丁
薑 …………… 2 片，切末	水 …………… 150ml
蒜頭 ………… 3 顆，切末	太白粉 ……… ½ 大匙
蔥 …………… 2 支，切末	（與 1 大匙水混成太白粉）
豬絞肉 ……… 100g	香油 ………… 少許
辣豆瓣醬 …… 2 大匙	花椒粉 ………… 少許

作法

1 下油熱鍋，用小火慢慢地將花椒粒的香氣給
 焗出來，需要花上 3 ～ 5 分鐘。花椒轉深色
 後撈掉，油留在鍋內。

2 轉為中大火，放入薑末、蒜末和一半的蔥末
 炒出香氣，材料稍微上色後放入豬絞肉一起
 拌炒，用炒勺仔細的把絞肉炒散開來，並花
 足時間把絞肉煎炒成焦黃狀，不然香氣會差
 一大截。

另外一半的蔥留到最後

3 同支鍋子下豆瓣醬拌炒，炒約 1 ～ 2 分鐘直
 到香氣散出、澀味去除，接著倒入醬油和糖
 燒滾出醬香。

4 放入豆腐輕柔地快速炒過，小心別把豆腐炒
 花了。加水煮至滾沸，轉小燉煮一下，讓豆
 腐把湯汁中的醬味和肉汁吸收進去。

5 起鍋前加入太白粉水收汁，慢慢地邊加邊攪
 拌，收至個人喜歡的濃稠度即可熄火，試吃
 看看鹹味有沒有要調整，必要的話下醬油或
 鹽。

6 盛盤後淋上少許香油，撒上花椒粉增加麻感，
 並把剛剩下的蔥末灑上去。

湯

Soup

大骨湯底與
貢丸湯、蛋花湯、蘿蔔排骨湯

Pork Broth with Meat Ball Soup,
Egg Drop Soup and Daikon Radish Soup

這塊土地上最庶民的湯品，應該是大骨家族熬出來的基底了，在麵攤打發晚餐時，就是貢丸或蛋花湯收尾，輪來輪去就這幾個，在家裡，媽媽也一定隨手就可變出排骨湯。

這份食譜開啟懶寶模式，幾乎沒有任何複雜的材料和技術，大骨基底其實還可以加上洋蔥和紅蘿蔔，熬起來更甜。但住在外面，每天晚上想要喝到熱湯，實在是有夠難的事。除非用現成的高湯（最高推薦稀釋滴雞精），不然起跳就是 2 小時，hello ？就算熬多一點，也是佔冷凍空間。現代社會對喝湯族真的很不友善內，哭哭，如果沒時間準備的話，就翻去後面做海鮮或蔬菜湯吧，會快很多。

不能解決的問題
就等有時間再解決囉

材料	3～4人份		
大骨湯底	豬大骨····300g（或豬背骨）	鹽·········1小撮	
	水·········1L		
貢丸湯	貢丸······數顆	白胡椒····少許	
	芹菜·······1小把，切碎		
蛋花湯	蛋·········2人1顆	香油·······少許	
	白胡椒····少許		
蘿蔔排骨湯	豬小排····300g	香菜·······1小把，切碎	
	白蘿蔔····½根，去皮切塊		

作法

1 熬煮大骨湯，將洗淨的大骨入鍋並加入蓋過
材料的冷水（份量外），開中火慢慢地煮至
滾沸，會需要一點時間。此時會冒出浮末，
這個動作可以去掉骨頭的雜味。水滾後將排
骨取出清洗備用。

\# 骨頭旁如果還帶一點肉是最讚的

2 另將 1L 的水燒滾，放入排骨和 1 小撮鹽後煮
至沸騰，轉小火慢慢熬煮約 2 個小時，湯底
變成淡乳白色的狀態後熄火，濾掉排骨備用。

3 製作貢丸湯，完全沒有難度，你的功課只有
早起去市場找到最好吃的那家貢丸攤。將事
先熬好的大骨湯煮滾，放入貢丸煮熟後盛盤，
試喝看看鹹度，最後撒上芹菜末和白胡椒。

4 製作蛋花湯，將大骨湯煮滾，全蛋打入碗內
均勻攪散。鍋內保持中大火滾沸，一手拿湯
杓在鍋內畫圓，讓水流轉成圈，另一手將蛋
慢慢如線條般倒入。溫度要夠蛋花會蓬鬆細
緻，但也不能太滾，蛋會直接老掉。試喝看
看鹹度，最後撒上白胡椒和香油。

5 製作蘿蔔排骨湯，將步驟 1 和步驟 2 的豬大
骨換成小排，帶點肉吃起來比較不寂寞。高
湯熬 1.5 個小時，最後 30 分鐘放入蘿蔔一起
煮，試喝看看鹹度，並用鹽調味，上桌時撒
上香菜末或芹菜末裝飾。

\# 別像煮高湯一樣把排骨濾掉喔

香菇雞湯

Mushroom Chicken Soup

許多人第一道學會的湯，應該就是香菇雞湯了，原因無他，簡單又可以做成小份量！

這邊我們就稍微進階一點點兒，來看看可以留意什麼地方，讓這鍋湯更好喝。首先大部分的食譜都建議雞肉走過冷水，慢慢煮滾後把浮末撈掉，也去掉雜味。如果你買的是品質好又新鮮的肉雞，可以偷懶省略這個步驟沒關係。

接著，材料要老老實實的下鍋煎炒過，直接整鍋水煮，跟材料分次炒出香氣，結果可是大大的不同。特別是乾香菇，要在鍋內帶油炒過，才能完整催出奔放熱情的風味，只有泡軟的話，這個菇是做不了大事的。

不過懶寶們，如果今天已經被工作或生活摧殘到不行，整組毀壞，到家後只想躺在沙發上關機，根本沒心力一個一個步驟炒的話，我們就拋下香味與羞恥心，直接把所有的料放進電鍋，外鍋放 2 杯水就好啦！

要懶雞肉就要買好一點就是

材料 | 4 人份

切塊帶骨雞肉　500g

乾香菇 ………　4 ～ 5 大朵泡水

炒油 …………　少許

薑 …………　5 ～ 6 片

蒜頭 …………　4 顆，拍過

蔥白 …………　1 支，切段

鹽 …………　少許

白胡椒 …………　少許

蔥綠 …………　1 支，切絲

作法

1 雞肉洗淨後入鍋，注入蓋過雞肉的冷水（份
量外），用中火慢慢煮滾後，取出雞肉，快
速沖過水備用。

 # 去掉雜質煮起來清爽美麗
 # 怕麻煩或雞肉很新鮮的話還是可以省略^_^

2 香菇泡水至少 15 分鐘讓質地軟化，取出後擰
乾，香菇水留著當高湯備用。

3 下油熱鍋，用中火把薑片和蒜頭的香氣炒出
來，下蔥白拌過。

4 雞肉放回鍋內，翻炒到稍稍上色即可，然後
倒入蓋過雞肉的水（份量外），和剛剛的香
菇水，開大火煮滾。

5 放一點鹽巴和白胡椒入味，不用下太重，轉
小火保持微滾，燉煮 40 分鐘到 1 小時，試喝
看看味道，等甜味釋放出來、雞肉也軟了即
可起鍋。需要的話可再加入鹽調味，上桌時
撒上蔥綠裝飾。

麻油雞湯

Sesame Oil Chicken Soup

做這道菜之前，請先確定你真的準備好了。外頭的氣溫降下來了嗎，手腳冰冷而且畏寒嗎，內心是否空洞需要溫暖填補呢？如果答案不是肯定的，那我們就再等等吧。

畢竟麻油、薑片和米酒的組合，實在是有夠燥熱，非常的弓（ㄍㄧㄥ，我還去查台語辭典），一喝下肚身體馬上就熱起來。身體原本就煩悶的話，在錯的時間喝下一碗麻油雞湯，真的會直接流鼻血，小心內。

會這麼激進與濃烈，是因為傳統的作法用純米酒燉煮，沒錯，一整瓶米酒通通下去，有夠狂。現在，除非天氣懼寒，不然建議一半換成水取代，會溫順調和許多。想更清淡的人，可以放一個米杯大小的米酒就好，剩下都用水。

身體狀況不能碰酒（sorry）或有小朋友要吃時留意一下，食譜都會註明下酒後，要用大火把酒氣燒掉，就真的只是把嗆鼻的氣燒掉而已，酒精可都紮實的留在裡頭，喜歡喝酒的覺得賺到了吧！就算持續燉它個幾小時，還是會有一小部分殘留。

最後，麻油不適合高溫爆炒過久，以免苦澀的味道跑出來。食譜裡的步驟 3 在煎炒雞肉時火力會大一些，溫度掌控不好的人，可以在一開始就改用少許的炒油，來煎炒出辛香料和雞肉香氣，最後起鍋時淋上麻油，就不會有這問題了。

材料	4 人份

切塊帶骨雞肉 ⋯ 500g	冰糖 ⋯⋯⋯⋯⋯ 10g（可省略）
麻油 ⋯⋯⋯⋯⋯ 3 ～ 4 大匙	水 ⋯⋯⋯⋯⋯⋯ 500ml
老薑 ⋯⋯⋯⋯⋯ 50g，切片	鹽 ⋯⋯⋯⋯⋯⋯ 少許
米酒頭 ⋯⋯⋯⋯ 1 瓶（600ml）	

雞湯 Sesame Oil Chicken Soup 麻油雞湯 Sesame Oil Chicken Soup 麻油雞湯 Sesame Oil Chicken Soup 麻油

作法

1 雞肉洗淨後入鍋，注入蓋過雞肉的冷水（份量外），用中火慢慢煮滾後，取出雞肉，快速沖過水備用。

2 麻油入鍋用中小火加熱，放入薑片慢慢地煸到些許乾皺收縮，約需 2 ～ 3 分鐘。喜歡的話可放入幾顆蒜頭（份量外）一起同樂。

3 加入擦乾的雞肉，把火轉大讓雞肉表面煎炒到有點上色。

4 倒入米酒，繼續用中大火燒至滾沸，這邊可放點冰糖提鮮，不用蓋蓋子，保持微滾煮約10 分鐘讓酒氣散掉，加入水和鹽調味，蓋鍋煮 40 分鐘到 1 小時。

5 試喝看看味道，等到雞肉甜味釋放，同時肉質軟嫩即可熄火，需要的話就再放一點鹽。

薑絲鱸魚湯

Sea Bass Soup with Shredded Ginger

拜養殖技術進步所賜，鱸魚現在真的很讚，價格實惠，沒有土味肉質又纖細，已經完全幹掉以前的強勁對手吳郭魚，擄獲現代煮婦煮夫的心。

可鱸魚湯，總讓我聯想到不開心的事。

就因為滋補身體，開刀後特別適合來碗鱸魚湯，口味清淡，魚肉細緻好消化，魚皮的膠質也有修補傷口之說。所以我最常煮

鱸魚湯的時機，幾乎都是在醫院拜訪親友，這個充滿不安情緒的場所。

一開始是因為自己喜歡，後來發現病人就口時也方便，這個作法跟一般鱸魚湯相比細心許多。我把魚骨和魚肉完全剔除開來，魚頭和魚骨熬完湯就濾掉，魚肉則是在喝之前才入鍋燙過，保留軟嫩的口感。吃的時候就可以盡情地享受甘甜，不用擔心被魚刺扎到。

所以，買菜時記得請魚販先把魚肉處理好，如果忘了回家就真的很哭哭。無法自己剔除魚肉就算了，多練習幾次，況且不論怎麼煮，食材本身有沒有滋補的功能，光是你的溫暖舉動，就足以撫慰病人的心了，最暖好嗎？

很多時候，朋友喜歡你做的菜，不單只是味道，而是因為你特別花了時間，為他們用心烹煮，時間，才是最珍貴的調味料。

艾克の心靈魚湯
怎麼走向這麼溫暖的風格啦
不只醫院
白天一個人也很適合熬個小份量當午餐喔

材料 │ 3～4 人份

鱸魚 ………… 1 尾   薑 ………………… 3～4 片，切絲

洋蔥 ………… ½ 顆，切塊   鹽 ………………… 少許

紅蘿蔔 ……… ½ 根，切塊   蔥絲 …………… 少許

作法

1 鱸魚在市場先請魚販處理乾淨,把內臟和鱗片都去掉,可以的話,拜託他幫忙取魚菲力(就是魚肉和魚骨分開),如果他不幫你,下次就換一家買。

\# 高級超市如City Super 也可幫忙取肉喔
\# 頭和骨記得帶回來熬湯

2 不幸要自己動刀的人,把魚攤平,用細長的刀子沿著骨頭取下兩側的魚肉備用。

\# 講得很簡單
\# 只要刀子夠利就不難

3 將魚頭、魚骨、洋蔥、紅蘿蔔和一半的薑絲入鍋,注入蓋過食材的冷水(份量外),水不要多,因為海鮮熬煮時間很短,味屬淡雅,水多味道就被稀釋了。

\# 喜歡的話可以放蒜頭
\# 或冰箱多的任意辛香料和蔬果

4 放 1 小撮鹽提味,開大火煮滾後轉小,保持微滾燉煮 30 分鐘到 1 小時。此時另將魚肉切成片狀,加入一點鹽拌勻,讓魚肉在湯裡吃起來也有不同層次的鹹度。

5 試喝看看湯的味道,應當有鮮甜的海味才是,味道不夠就繼續煮,但注意別煮超過 1 個半小時以免腥味出來。將底料過濾乾淨,留下清湯備用。

6 清湯重新回到乾淨的鍋裡,煮滾後放入魚片,熄火燜約 3 分鐘直到魚肉熟了即可,上桌時撒上蔥絲裝飾。

蛤 蠣 湯

Clam Soup

酒精戰士請站出來，這份食譜是為了你們收錄的。

本人呢，絕對稱不上什麼優良生活的好榜樣，作息差，壞習慣又一堆，所以在吃的方面我特別講究。能乾淨簡單的是首選，總是得做點好事來平衡一下，有食補功能的是上上選，蛤蠣湯就是平民的保肝好朋友，最 nice。

老道理，材料作法越簡單，越不能有閃失，這道菜蛤蠣品質決定一切，買到好的蛤蠣基本上就完成，可以開始鼓勵自己很棒了。在攤子前請直視老闆眼睛，「這真的鮮甜好吃嗎？我要煮湯用的，不好的話就毀了！」用眼神情緒勒索他。我真的煮過一鍋平淡如水的湯，怎麼補救都沒用。

好在台灣是寶島呀厚嘿，跟很多國家的蛤蠣比起來，我們的真的鮮甜炸好吃，很容易買到品質好的。有些地方真的不行，他們人民好苦，那些東西根本不配稱為蛤蠣啊！

材料 | 2～3 人份

蛤蠣 ………… 300g

鹽 ………… 約 1 大匙

油 ………… 1 小匙

薑 ………… 2～3 片，切絲

米酒 ………… 2～3 大匙

水 ………… 600g

蔥花 ………… 少許

作法

1 將蛤蠣確實吐沙，參考下方 tips，吐完後移
  到水槽，抓一把蛤蠣在水龍頭下，雙手搓揉
  用殼摩擦殼，稍微去乾淨即可。

2 下油熱鍋，用中大火炒香薑絲，香氣出來後
  放入蛤蠣。

3 快速翻炒後加入米酒，沸騰約 30 秒讓酒氣散
  掉，然後加水用大火再次燒滾。

4 滾沸後轉小保持微滾，蓋鍋燜煮到蛤蠣全都
  開了後，熄火試喝看看味道，需要的話就再
  放點鹽，最後撒上蔥花即可。

tips ————

入鍋前大家最常問的，就是吐沙技巧，我們特別實驗了各種偏方，
請依循下面的條列重點，當個聽話的好孩子，輕鬆與滿口沙告別。

· 買回來要泡鹽水吐沙，比例大概 2%，1L 的水放 20g，大概 1
  大匙的細鹽。

· 蛤蠣吐沙是透過呼吸，髒水交換成乾淨的水，水量不用多，稍
  微淹到蛤蠣即可，不用整個蓋過。

· 放在常溫陰涼處，讓它靜靜的 chill，不要吵它，大概 2 ～ 3 小
  時就開始嘴軟。

· 買的時候問攤販，若已經吐過沙，泡 30 分鐘通常就夠了（不夠
  就再放）。

· 瀝乾後在清水下搓揉洗淨，用之前放冷藏保存，可放一晚。

· 若品質新鮮優良，可以撐到兩個晚上，第三天要盡快吃掉。

酸辣湯

Hot and Sour Soup

本書最適合訓練耐心的一道菜，所有的食材都要慢慢地切成薄片後，再細切成絲，真的會切到想殺人。

切得慢的人，勉勵自己大鳥慢飛，你不是不會，是還沒學會，這兩者是不同的。反正練習的時候，煮出來的湯一定口感混雜，還有沒弄好的粗條，轉頭一個豪氣說這是鄉村風你懂屁。

酸辣湯除了練習耐心，還能練習刀工，假以時日，你一定能夠

俐落地下刀，細絲就在空中幻化成金龍，自動跳進鍋子裡，不用擔心。

除此之外，酸辣湯製作上不難，所有材料依序入鍋煮熟後，用芡水調整濃度就好，太濃可用雞湯或水稀釋，沒什麼難度，其他材料的比例都已經替各位量好。蛋絲滑順程度就需要功夫了，微滾時一手拿勺子在湯裡輕劃成圓，倒入打散的蛋汁，火過旺蛋會凝結成塊，太弱蛋液又會稀掉無法成型，入鍋時留意一下。

剩下唯一的麻煩就是準備高湯，買不到心中天然高湯的人，再次誠推你滴雞精加水稀釋，濃度看個人喜好，一包對1～2杯水都行。

材料 4〜6 人份

水……………… 1L

雞高湯 ……… 500 ml

竹筍………… 50g，切絲

紅蘿蔔……… 50g，切絲

黑木耳……… 70g，切絲

鴨血………… 100g，切絲

豆腐………… 100g（約 ½ 盒），切絲

豬肉絲……… 80g

太白粉……… 適量

蛋……………… 1 顆，打散

醬油…………… 3〜4 大匙

香油…………… 2 小匙

黑醋…………… 3〜4 大匙

白醋…………… 2〜3 大匙

糖……………… 1 小匙

白胡椒………… 少許

香菜…………… 1 小把
（可用青蔥取代）

酸辣湯 Hot and Sour Soup 酸辣湯 Hot and Sour Soup 酸辣湯 Hot and Sour Soup Hot and

作法

1 鍋內加入水和雞高湯，煮至滾沸。

2 加入菜料，放入竹筍、紅蘿蔔、黑木耳、鴨血和豆腐，同時在小碗內將豬肉絲與 ½ 大匙的太白粉抓醃起來備用。

3 另取 2 大匙的太白粉，混合 2 大匙的水（份量外）調成太白粉水。

4 湯保持微滾，一邊攪拌一邊加入太白粉水，不用全部加完，勾芡至自己喜歡的濃度即可。

不想勾芡也可省略
做自己的健康寶
或廢寶

5 繼續微滾，一手慢慢攪拌劃圓，一手將蛋汁少量慢慢滴進去，變成滑順細緻的蛋絲。

劃圓和滴蛋汁都要慢慢來
一急就會煮成一坨

6 最後放入醬油、香油、黑醋、白醋和糖，攪拌均勻後試喝一下，調整酸度和鹹度，熄火後撒上白胡椒和香菜就可上桌囉！

竹筍湯

Bamboo Shoot Soup

人們總說食物要吃當季，上市場看到大出的農產品，跟著買絕對便宜品質又好，最貪貪就是我。但台灣的竹筍一年四季都有，最多，多到好像每次上市場，它都還在當季，只是換個不同種的兄弟來當打手。就像永康街，有一大票打著跳樓拍賣，卻還經營一萬年的茶店和運動用品店，每次下樓經過都覺得，天啊你還在跳也太有活力了吧。

台灣竹筍這麼努力，我們也要好好地料理人家。對於竹筍，講

求的就是快和新鮮，曾經跟著農夫早起去竹林，趕在太陽直曬前採收，要不然筍尖冒出土照到陽光，味道就苦了。

挑選的準則也是以新鮮為主，找外型飽滿有精神的（你看這麼廢只要記得有精神最籠統），畢竟竹筍種類這麼多，要記下所有重點太不切實際。一樣情緒勒索老闆直盯著他，說要買不苦的，要不然挑新鮮的準沒錯。

竹筍湯要清澈，可以花點時間把排骨從冷水開始煮起，滾了後洗淨。沒時間的話就改用滾水燙去血水，沒排骨可換成雞骨，或自己稀釋滴雞精。竹筍的部分，要從冷水煮起才不會苦，試喝的時候若覺得苦味重了些，可以再多煮個 15 分鐘。

買回來的筍子，就算當天不吃，也要先處理過以免苦掉。整支不去殼放入冷水，蓋鍋煮到滾，續滾 30 分鐘左右，直到可以聞到筍香。熄火後燜 5 分鐘，取出放涼，就可以裝袋冷藏了，建議 2 ～ 3 天要趕快吃掉喔！

材料 ｜ 4～6 人份

排骨 ············ 400g　　　　　冷水 ··············· 2L

麻竹筍 ········· 1 支　　　　　鹽 ················· 少許

（未去殼約 1 公斤，去殼後約 760g）

竹筍湯 *Soup* *Bamboo Shoot Soup* 竹筍湯 *Bamboo Shoot Soup* 竹筍湯 *Bamboo Shoot Soup* 竹筍湯 *Bamboo Shoot Soup* 竹筍湯 *Bamboo Shoot So*

作法

1 排骨放入鍋內,加入蓋過排骨的冷水(份量外),用中火慢慢地煮至沸騰,然後將排骨撈起,用清水沖乾淨備用。

2 處理竹筍,用刀尾小心地在外殼上劃 1 刀,然後用手剝開筍殼,筍尖頂端帶硬殼的部分也切掉,最後削掉底部咖啡色部分。將竹筍肉切成塊狀備用。

3 湯鍋內加入 2L 的冷水,放入筍塊、排骨和 1 小撮鹽,轉大火煮滾,接著轉小火蓋鍋保持微滾,燉 1 小時左右。

4 試喝看看甜味釋放出來了沒,需要的話用鹽調整鹹味。

海鮮

Seafood

紹興蝦仁　　　　蚵仔煎

紅燒吳郭魚　　　辣炒蛤蠣

乾煎白帶魚　　　絕代雙椒炒透抽

清蒸全魚　　　　蛤蠣絲瓜

紹興蝦仁

Shaoxing Minced Prawn

真要排名的話，這道菜絕對可排進本書的前段班，有夠愛。

每次上市場看到新鮮的甜豆仁，即使價位讓我倒抽一口氣，不過產季短不常見，還是都會帶一小包回去，怎麼炒都好吃，鮮甜帶青草香氣的小球，在嘴裡一顆一顆爆開來，很過癮。

甜豆仁拿來炒蝦仁是我最喜歡的作法，先將蝦殼和蝦頭爆出蝦油，懶寶小夥伴們我懂啦這步驟可以省略，但多了蝦油真的好

香。剩下的步驟就是在大火爆炒間，迅速地完成，不超過 5 分鐘，甜豆仁和蝦仁的甜脆，尬上紹興的花香，頂級享受。

都花大錢買甜豆仁了，可別不小心買到泡過詭異藥劑的蝦仁，現在市面上將近一半的店家，都用這種鬼東西做菜，習以為常到變成正常的東西，令人髮指。這種泡過的蝦仁通常是冷凍包裝，外面是雪白霜狀。實際的口感像蒟蒻，完全沒有蝦味，很像在吃塑膠。

好好的蝦子不用泡，要泡的都是品質很挫組的，硬是 Photoshop 修到最美，修片可以但這不是鍊金術啊，大家要當心地踏實的網美好嗎？

市面上正常的蝦，可分兩種選購，一是還在水裡 chill 的活蝦，這沒什麼好說的，品質最好，相對來說預算也高。另一種就是冷凍蝦，我最常買的是白蝦。菜市場攤子上擺的蝦，只要不是泡在水裡活著，幾乎都是他先幫你解凍好，放在那佯裝剛死沒多久。

後者就已經很夠用了，冷凍或退好冰都行，活蝦太貴，不是天天吃大餐。大多數的人都會將腸泥挑掉，我耍帥不是大多數，怕麻煩都不挑。這就看你習慣，挑掉當然賣相也好上許多。

最近在一些肉類專賣店，已經可以看到冷凍的正常蝦仁，純的，沒泡過，腸泥也去好了，身家清清白白的，推薦給手無剝蝦之力者。

210

材料 ┃ 3人份

白蝦 ………… 10尾（約 200g）	甜豆仁 ………… 40g
鹽 …………… 少許	紹興酒 ………… 2 大匙
炒油 ………… 2 大匙	白胡椒 ………… 少許
蒜頭 ………… 3 顆，切碎	

作法

1 蝦子去掉頭殼,留著備用。

2 蝦背用刀劃開,挑掉腸泥後切丁,加入少許
　的鹽拌過。

3 下油熱鍋,先將蝦頭和蝦殼入鍋,用中大火
　爆香到變紅,讓香氣和精華滲入油裡。將頭
　殼撈出丟掉。

　# 蝦油讓這道菜更香
　# 但這步驟還是可省略
　# 沒有事可以阻止廢

4 轉中火,放入蒜碎炒香,然後加入蝦仁快速
　翻炒,等蝦肉開始變白後加入甜豆仁簡單炒
　過。

　# 蝦仁和甜豆仁都怕老
　# 炒的時候手腳俐落些

5 把火轉大,嗆入紹興酒後撒上白胡椒調味。

6 約 30 秒醬汁開始收乾後,試吃看看味道,
　需要的話再下一點鹽。

紅燒吳郭魚

Braised Tilapia

土，就要土的有個性，土出精彩土出自己的驕傲，再土，有吳郭魚撐著，不用怕。

吳郭魚一直背負著原罪，就是他真的好土，現在養殖技術好一些，但時不時還是會被土到。很少人認真討論吳郭魚好吃在哪，會買的原因就是平價，然後到處都買得到。

這簡直就是沒有選項的選項啊，對吳郭魚來說太不公平了。既然土，我們就下足夠的調味，做成紅燒開胃的版本，對症下藥，讓魚魚走出自己的風格，不用配合別人的期待，裝高尚切成生魚片，完全搞錯重點了嘛！

人生在世已經夠苦，在這個提倡做自己的年代，料理界也不能錯過。喜歡你的人，無論你怎麼變，他就是愛到卡慘死。不喜歡你的人，無論技術再怎麼改良，土味再怎麼少，他心中就是會吃到土味，那個記憶已經烙在腦海裡，回不去了。

<table>
<tr><td rowspan="2">材料</td><td>2 ～ 3 人份</td></tr>
</table>

吳郭魚 …………	1 尾（約 230g）	薑 ………………	3 ～ 4 片，切絲
米酒 …………	1 大匙	蔥 ………………	2 支，切段
鹽 ……………	½ 小匙	醬油 ……………	2 大匙
炒油 …………	1 大匙	烏醋 ……………	2 小匙
蒜頭 …………	2 ～ 3 顆，切碎	糖 ………………	2 小匙
辣椒 …………	½ 根，切碎		

作法

1 吳郭魚洗淨後,混合米酒和鹽稍微抓過,靜
置 10 分鐘去腥。下鍋前記得要用廚房紙巾
拍乾魚身。

2 用中大火熱鍋,燒熱後下油,放入吳郭魚,
將兩面煎成金黃色澤。煎魚時記得用鍋鏟輕
輕地壓一下,讓底部可以均勻受熱。

 # 怕黏的人請用不沾鍋
 # 人生會輕鬆很多

3 魚肉上色,大概七分熟左右,把魚肉推到一
旁,轉中火後放入蒜頭、辣椒、薑絲和蔥段,
翻炒到香氣出來。

4 加入醬油、烏醋和糖拌勻,用中火燒至滾
沸,然後將魚身翻面,讓雙面都可吸收醬
汁。

5 開始變得濃稠後即可熄火起鍋。

乾煎白帶魚

Pan-Fried Beltfish

有次麻煩同事，上市場時帶塊白帶魚回來試菜，順便當午餐加料。袋子一打開，我盯著他問說這是什麼？他回，「白帶魚呀，你不是要我買白帶魚回來？」

眼前這塊魚的體積，肥美的像是鱸魚，跟我預期三指寬的細長白帶魚塊，整整大了一倍，都有五指寬了。仔細一看，紋路和形狀確實是白帶魚沒錯。

那天才發現，同樣一條魚，不同的指寬大小，多少反應出家庭的收入狀況啊。

你家裡的白帶魚，是幾指寬的？

家母有著勤儉美德，我們家的白帶魚是三指寬，小小一塊，煎的乾鬆爽口，鹹鹹的，配白飯都好吃。五指寬的白帶魚，價位高上許多，同事害羞地說他小時家裡還過得去，爸爸總是上市場挑好魚回來煮，五指的嚐起來口感細緻許多，非常油嫩，可以夾到大塊的肉，不用一直躲刺也很開心。

配方裡拍了些地瓜粉在魚肉表面，煎的時候可幫助定型，跟油脂融合後變成金黃酥脆的外皮，口感更讚外型更美，手邊臨時沒有也是可省略。建議大火確實燒熱鍋子再下魚，溫度轉小慢慢地把油脂逼出來，煎到香酥。

題外話，先前上陶藝課時自己捏了馬克杯，形體有了還缺手把，不知怎麼抓比例，脫口而出：「老師，平常你都開幾指？」

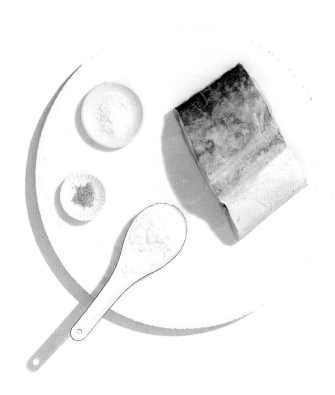

材料 | 2 ～ 3 人份

白帶魚 ………… 1 大片（約 220g）　　鹽 ……………… 少許

地瓜粉 ………… 1 小匙（可省略）　　白胡椒粉 ……… 少許

炒油 ………… 1 大匙

作法

1 魚肉洗淨後，用廚房紙巾將魚身拍乾，然後拍上一層薄薄的地瓜粉。

2 用中大火熱鍋，燒熱後下油，放入白帶魚，將兩面煎成金黃色澤。煎魚時記得用鍋鏟輕輕的壓一下，讓底部可以均勻受熱。

＃ 用不沾鍋吧親愛的朋友

3 雙面煎上色後，然後轉小火慢慢把表面煎到香酥，大概需要 3 ～ 5 分鐘。

4 確認一下熟度，沒問題的話撒上少許鹽和白胡椒粉提味，趁熱上桌。

清蒸全魚

Taiwanese Steamed Fish

這道菜對於火侯掌控很重要，一定要蒸籠裡的水大滾沸騰後，再把魚放進去，全程大滾伺候，出來的魚才會鮮嫩多汁。如果還沒滾沸就入籠，可憐的魚寶從低溫蒸到高溫，肉質都柴了，不要成為糟蹋魚寶的幫兇。

最愛這種直球對決、生死一瞬間的火象場面，終於來到我太陽射手的主場了吧，大火催下去就對了不囉唆。沒蒸籠的小夥伴，老樣子，就用電鍋取代，問題不大。

有別紅燒的重口味，清蒸料理的調味簡單，目的在襯托魚肉乾淨鮮甜的滋味。也就是說，品質好又新鮮的魚，調味下手要輕，帶點自然妝感就好。品質沒那麼好、味道又濃的魚，才考慮出重手，把不喜歡的暗斑和痘疤都蓋掉。市場上大多數的當令白肉魚都很適合拿來清蒸，問問老闆現在什麼當季，鱸魚、紅條或黑毛都很讚，看預算選購。

材料　2 ～ 3 人份

全魚 ………… 1 尾（約 270g）　　薑 ……………… 3 片

米酒 ………… 適量　　破布子 ………… 2 大匙，連湯汁

鹽 …………… 少許　　蔥 ……………… ½ 支，刮或切成蔥絲

蔥 …………… 2 支，切段　　蠔油 …………… 1 大匙

蒜頭 ………… 4 ～ 5 顆，拍過

作法

1 上市場挑一尾最順眼的全魚，跟老闆說你要做清蒸全魚，請他推薦適合的當季白肉魚。在攤子上將魚鱗和內臟去乾淨。

2 料理前把魚沖洗乾淨，再次檢查表面有沒有漏掉處理的魚鱗。

3 若魚肉很肥，就用刀在魚身兩面各劃 3 刀，看起來瘦長的話就省略。抹上 1 大匙的米酒靜置 30 分鐘，天氣熱就放冰箱冷藏。

4 用廚房紙巾將魚肉擦乾，雙面撒上 1 小撮鹽抓勻，別下太多，同時在蒸盤上排滿蔥段。

5 把蒜頭和薑片塞到魚肚裡，擺在蔥段上面，然後淋上破布子。

6 將蒸盤放入蒸籠或電鍋裡，用大火蒸約 15 分鐘，電鍋的話外鍋放 1 杯水。

7 來檢查魚肉是否熟了，準備一把金屬小刀，從魚身最厚的地方刺進去到骨，拔出來後觸摸大拇指背，或者，你的下嘴唇（看起來比較 pro）感覺一下刀身的溫度，若是很燙就代表熟了。反之還溫冷的話，就再蒸一下。

8 熟了後把魚溫柔地移到盛盤上，丟掉肚子裡的香料，撒上蔥絲裝飾。

9 蒸盤裡留下來的湯汁，全都過濾到小鍋內，加入蠔油，煮滾後淋在魚肉上就完成囉！

蚵仔煎

O A Tsian /
Oyster Omelette

大學時期住在景美，晚餐沒頭緒的話，就是到夜市來份雙蛋蚵
仔煎，你看看年輕身體多好，把這當正餐吃。

開始研究台灣小吃時，第一道菜自然而然想到蚵仔煎，擒賊先
擒王，如果連蚵仔煎都可以自己做，那攻破剩下的小吃只是時
間問題。練習過程順利，微調粉漿濃度和海山醬的口味後，一
份融合 Q 滑餅皮、脆口白菜和水嫩鮮蚵的蚵仔煎就完成了。

蛤？就這麼簡單？這東西真的可以在家裡做嗎？

嗯啊，每次被朋友問到這問題，都很回拍翻白眼的照片傳給他，不然這張照片是我們買來的嗎？

在家做蚵仔煎真的很簡單，材料好取得，不需任何專業工具，輕鬆達到小吃攤等級。第一次做要練習一下麵糊粉漿入鍋後，中大火加熱到定型的狀況，白色的粉漿遇熱後會變成半透明膠狀，在鍋內粉漿還有一點白白的，全部變成膠狀前就可打入全蛋。然後利用蛋汁半熟的黏性，把小白菜掛上去。

另一個會煩惱你的是如何翻面，用炒勺確認麵糊底部定型、不沾黏後，已掌握甩鍋之力的人，就帥氣的一個翻騰過去。怕搞砸的小夥伴，拿一個平底淺盤，把麵皮從鍋內滑到盤子上，再倒扣回鍋內就好。

盤子寬度要比鍋子大一點
比較好倒扣

配方裡提供了海山醬食譜，很簡單，攪一攪加熱就完成了，放冷藏可保存近一週。除了蚵仔煎，鹹甜的活潑風味配上蘿蔔糕、燙海鮮、油飯或甜不辣都好，只要你喜歡就尬著吃。

材料	4 份		
麵糊	地瓜粉 ⋯⋯⋯ 40 ml	水 ⋯⋯⋯⋯ 150ml	
	太白粉 ⋯⋯⋯ 80 ml		
海山醬	再來米粉 ⋯⋯ 1 大匙	醬油膏 ⋯⋯ 1 大匙	
	水 ⋯⋯⋯⋯⋯ 110 ml	番茄醬 ⋯⋯ 1 大匙	
	味噌 ⋯⋯⋯⋯ ½ 大匙	甜辣醬 ⋯⋯ 1 大匙	
	糖 ⋯⋯⋯⋯⋯ 1 ～ 2 大匙		
餡料	炒油 ⋯⋯⋯⋯ 少許	蛋 ⋯⋯⋯⋯ 4 顆	
	新鮮蚵仔 ⋯⋯ 150 g	小白菜 ⋯⋯ 1 把，切小段	

作法

1 製作麵糊,將所有麵糊材料混合拌勻。

麵糊只要一靜置就會沉澱
用之前記得拌開

2 製作海山醬,再來米粉慢慢加入水同時一邊攪拌,然後加入剩餘所有材料。入鍋後用中火加熱,持續攪拌煮至滾沸,醬汁稍微變濃稠後熄火。

白味噌會比較甜
紅味噌比較鹹
但是都可以

3 製作蚵仔煎,用中大火燒熱一平底不沾鍋,然後加入 1 大匙的炒油,放入蚵仔煎炒約 30 秒。

4 放入一大湯勺的麵糊,在表面凝結薄薄的一層,繼續用中大火煎到半透明狀,別下太多麵糊以免餅皮過厚。

5 打 1 顆蛋上去,然後用炒勺隨意拌開蛋黃,讓蛋汁大略鋪在表面。

6 趁蛋汁凝固前撒上小白菜,30 秒後翻面再煎約 1 分鐘即可。

7 盛盤後淋上海山醬,趁熱享用!

辣炒蛤蠣

Stir-Fried Clams with Taiwanese Basil

好喜歡蛤蠣，喜歡到可以三餐都吃，一手抓殼，一口把鮮甜的蛤蠣肉從殼上扯下來，微微的彈性在嘴裡越咬越鮮。當正餐的時候，用台式扁湯匙舀起淡灰色的醬汁，鹹鹹的有夠下飯。做下酒菜時，辛香料多放一些，搭著酒水和聊不完的話題一起下肚，活在有美味蛤蠣的年代，真的好幸福。

記得，海鮮比你還怕老，要炒出一顆顆生鮮飽滿的蛤蠣，殼開了就得起鍋。如果可以紮實挺立，誰想要越縮越小呢？

問題來了，蛤蠣又不會彼此說好，一、二、三！開囉！就集體雀躍地開殼對你比讚。一定是有人先開，有人還緊鎖著殼像沒事一樣，躲在角落 chill，大家都很做自己，像水瓶座的朋友一樣做自己又難搞。

這個時候只能見一個救一個，開了就撈上岸，裝在盤子裡備著，最後大火回鍋速炒兩下。蛤蠣在有液體、蓋鍋狀態下加熱，最容易夾不緊，不小心就鬆開了。只要看到殼打開，就算只有一點點，也是直接上岸。請不要優柔寡斷，在那邊囉囉唆唆的：「是不是要再煮一下？」你就煮啊，再煮它的肉就縮給你看。

最後在鍋子裡的頑強蛤蠣，死不開的那幾個就撈起來扔了，不要硬撬開來，強摘的果實不會甜，我們要懂得尊重他人不能硬撬。沒開的蛤蠣很有可能死掉了，硬打開來只會讓整鍋臭掉喔，要小心。

材料 | 3 人份

蛤蠣 ………… 300g

炒油 ………… 少許

蒜頭 ………… 5 顆，拍過

辣椒 ………… ½ 根，切斜片

米酒 ………… 1 ～ 2 大匙

醬油膏 ………… 1 小匙（可省略）

九層塔 ………… 1 小把

作法

1 參考蛤蠣湯的 tips（第 191 頁），先將蛤蠣
確實吐沙並清洗乾淨。

2 用中大火熱鍋，放入 1 大匙的油後，爆香蒜
頭和辣椒。

3 香氣出來後加入蛤蠣一起翻炒，然後倒入米
酒和醬油膏。

4 一燒滾後就把火轉小，並蓋上鍋蓋，燜煮幾
分鐘。

蛤蠣在液體中
且蓋上鍋蓋
開最快

5 怕蛤蠣老的人，可以一打開就用筷子夾出，
但有點麻煩就是蓋子要開開關關。

6 蛤蠣都開了之後熄火，用餘溫拌入九層塔即
可享用。

絕代雙椒炒透抽

Squid with Bell Peppers

有天晚餐，家母瑞瓊在上菜後興奮著看著大家，問有沒有人知道這是什麼。我已經忘了怎麼回答的，反正就是意興闌珊搪塞兩句吧。眼見沒有人猜對，她開心的繼續說：「這道菜叫做絕代雙嬌！」

？？？

「電視上教的啊,有黃椒跟紅椒,雙椒啊!」

……OK。

那個年紀完全沒想到,長大的我會去做電視主廚,有的話壓力
一定很大,原來菜名還要取成這樣啊?嚴格來說我這個配方要
叫絕代三椒,硬是要比瑞瓊多一椒,因為我最傲嬌。

甜椒好吃歸好吃,裡頭的白膜和籽可要剔乾淨,不然苦味都留
下來了。單炒甜椒鮮味不太夠,通常要配個肉類一起將味道帶
出來,透抽、蝦子或肉片都可以。做海鮮類料理的話,多是大
火爆炒,短時間加熱以免海鮮被摧殘太久,都老了,透抽建議
在表面切花,有了紋路可以吃上更多調味,更好均勻受熱,口
感也比整片的透抽軟嫩許多喔!

材料 | 3 人份

透抽 ………… 1 尾（約 250g）　　炒油 …………… 1 大匙

黃椒 ………… ½ 顆　　　　　　　薑 ……………… 4 ～ 5 片

紅椒 ………… ½ 顆　　　　　　　米酒 …………… 1 大匙

青椒 ………… ½ 顆　　　　　　　鹽 ……………… 少許

A | B
C | D

作法

1 處理透抽,將透抽的頭部拔掉,並將內臟挖掉,裡頭有塊
 像塑膠片的東西也拔掉。| 見步驟圖 A

2 準備去皮,將兩側翅膀拔起來,與身體分開,然後大拇指
 指甲伸進去將翅膀的皮剝掉。| 見步驟圖 B

3 透抽身體的皮直接從頭頂往下拔掉。| 見步驟圖 C

4 準備切花,身體劃 1 刀後攤平成一整片,刀子輕輕的在身
 上劃出斜紋,這邊別切斷。

5 轉 45 度,一樣輕輕地劃出紋路,這一次劃 3 至 4 刀後就
 把透抽切斷,依序處理完。頭的部分去掉眼睛和嘴巴備用。
 | 見步驟圖 D

6 處理甜椒,全部剖開來後把裡面的白膜和籽去得一乾二
 淨,接著切絲備用。

7 終於要開始煮了!下油熱鍋,先把薑片用中火煸到香氣出
 來,然後轉大火,放入透抽快速煎炒到捲曲、變白,立刻
 取出。

8 同支鍋子放入甜椒絲用大火拌炒。

 # 透抽先分開炒
 # 才不會一起在鍋子裡變老

9 甜椒快熟的時後,把透抽和薑片放回去,轉大火並倒入米
 酒,同時撒上 1 撮鹽調味。

 # 喜歡的話也可加入1 大匙蠔油提味

10 湯汁稍稍收乾立刻熄火,小心別把甜椒煮爛、透抽煮老。
 試吃一下確認鹹度即可上桌。

蛤蠣絲瓜

Loofah with Clams

蛤蠣絲瓜有個哈味
有的人喜歡
有的人不喜歡就我
天啊我真的好老派

蛤蠣絲瓜的好，我真心不懂，偏偏老媽又愛煮，每次我都望著
盤裡，猶豫要不要夾，那個大家喜愛的清爽甘甜到底在哪呢，
為什麼我只有喉頭充斥著滑稠的感覺，嗚。

自己做，當然就改成符合自己胃口的調味。大火爆炒成辛嗆風味，沒什麼湯汁，絲瓜除了吸飽蛤蠣的鮮味，還有大蒜和辣椒的嗆，很過癮。成品非常下飯，簡直就像熱炒攤會賣的菜，如果你也不喜歡瓜味，可以試試看這個版本。

與原版的差別，在於多了辣椒，有了辣度後菜的個性更明顯了，辛香料和絲瓜用中大火爆炒到上色，多了焦香，鹽巴和胡椒下手也比平常重一些。如果想做甘甜溫潤的版本，只要減少辛香料和調味，火力溫和些就可以。

前面在第 188 頁（蛤蠣湯）和第 232 頁（辣炒蛤蠣）分別提到了蛤蠣如何吐沙，還有保持鮮嫩的料理手法，在這個食譜都是通用的。

材料 │ 2～3 份

蛤蠣 ············· 300g　　　　絲瓜 ················ 300g，切片

炒油 ············ 少許　　　　米酒 ················ 4 大匙

蒜頭 ············ 4～5 顆，拍過　鹽 ················· 少許

辣椒 ············ ½ 根，切片　　白胡椒 ············· 少許

薑 ················ 3～4 片，切絲

作法

1 參考蛤蠣湯的 tips（第 191 頁），先將蛤蠣確實吐沙並清洗乾淨。

2 下 1 大匙的炒油熱鍋，用中大火把蒜頭、辣椒和薑絲炒香。

3 轉中火，放入絲瓜拌炒，若鍋底焦黑代表炒油不夠，要再多下些。將絲瓜炒到開始變軟。

4 加入蛤蠣翻炒過，然後倒入米酒。

5 轉大火煮滾，然後蓋上鍋蓋轉小火燜煮，等到蛤蠣開口、絲瓜熟軟即可。

6 試吃一下味道，若夠鹹就不用放鹽，加入一點白胡椒拌勻後趁熱上桌。

蔬菜

Veggie

炒青菜

小魚乾炒山蘇

客家小炒

魚香茄子

白菜滷

涼筍沙拉

竹筍炒肉絲

炒青菜

Taiwanese Stir-Fried Vegetable

炒青菜人人會，就幾個基本簡單的食材，每個人炒出來的青菜卻都不同。

首先，蔬菜的品質比料理作法還要重要，因為調味料都只是淡淡的提味。像這篇食譜用高麗菜示範，高麗菜只要甜，隨便炒都好吃，不甜的話再怎麼努力，也只是東補西補勉強上桌。

誰叫我們是台灣人，幾乎每天都會吃到炒青菜或燙青菜，對於

這種原味的青菜料理，我們根本已經吃成精了，只要味道稍微不對就讓人皺眉頭。高麗菜要好，不用追求尖頭的迷信，盡量挑選挑選顏色鮮綠、葉菜脆嫩的，避免葉片薄、整顆都白色的那一種，那東西吃起來像衛生紙一樣，毫無味道。

溫度越低，高麗菜就越甜，夏天的時候產區自然往上移。過去奉行的慣行農業，對於生態和水土保持造成許多傷害，人們因此慢慢拒買高山高麗菜，所幸現在開始有支持保育觀念的生態農友，結合農田與樹林的自然農法，讓我們在選購的時多一個對環境更友善的選擇。做為消費者我們都知道，每一次消費，都會往我們更相信的宇宙靠近一點。

料理時建議用中華炒鍋，圓弧狀的設計可以聚熱，拉高溫度炒出香氣和甜味，這是影響炒青菜美不美味的關鍵。青菜下鍋時若溫度不夠，會馬上出水，甜味跑掉同時濕濕爛爛的不硬脆，更沒有香氣。家裡若沒有中華炒鍋，就挑大支一點的鍋子，讓葉菜能在裡面輕快地迅速翻炒。

調味的餡料有許多變化，可以在爆香蒜頭時，加入紅蘿蔔絲炒出香氣增加甜度，或者蝦米、乾香菇都好。

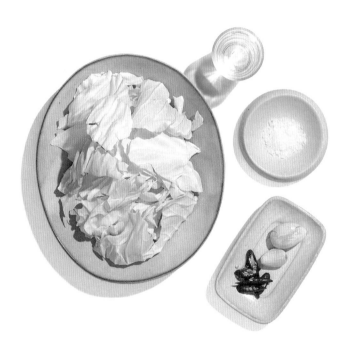

材料 ┃ 3 〜 4 人份

高麗菜………… ½ 顆　　　　辣椒…………… ½ 根，切片

炒油 ………… 1 大匙　　　　米酒…………… 2 大匙

蒜頭 ………… 2 顆，拍過　　鹽………………… ½ 小匙

作法

1 高麗菜洗淨後瀝乾，用手撕成容易入口的大小，可以的話盡量瀝乾，等等比較不會噴。

2 下油熱鍋，用中火爆香蒜頭和辣椒，香氣出來即可不用太久。

3 轉大火，放入高麗菜後用鍋鏟快速翻炒，特別是鍋底容易焦黑，一定要重複翻起，炒到高麗菜都大略裹上炒油。

4 沿著鍋壁嗆入米酒，撒鹽後拌兩下，蓋上鍋蓋燜約 3 分鐘。試吃一下確認鹹度，可再加入少許鹽調味，手邊有香油的話淋一點上去也很讚喔！

小魚乾炒山蘇

Stir-Fried Nest Ferns

一開始，只有全家上山出遊時，可以在山產店吃到野菜，沒幾年的時間，山蘇不知不覺偷偷溜下山，現在市區的店家也可以吃到了，真開心。

這道菜之所以好吃，除了山蘇本身迷人口感和神祕的線條之外，小魚乾和破布子也扮演著重要的角色，三位一體，缺一不可。

魚乾帶來的海洋潮鮮，破布子經過發酵後散發出的甘甜，跟山蘇天然微苦的風味搭在一起嘟嘟好，最複雜的三角戀，點播一首 Frente! 的 *Bizarre Love Triangle* 謝謝。

製作上沒有任何難度，山蘇尾段的粗莖口感比較差可以挑掉，但沒有人可以阻止你的懶散，真的沒挑還是可下口的。

材料 ｜ 2〜3 人份

山蘇 ············· 150g

炒油 ············· 1〜2 小匙

蒜頭 ············· 1 顆，切末

小魚乾 ············· 1〜2 大匙

破布子············· 1½ 大匙，帶湯汁

鹽··················· 少許

作法

1 第一個步驟就考驗有沒有心，山蘇尾段的莖
比較粗，用小刀將粗莖兩側劃開，用手撕掉
尾巴這段粗莖，炒起來口感會比較嫩。

口牙好喜歡硬脆的人
恭喜你省略此課題

2 下油熱鍋，用中火把蒜末和小魚乾炒香。

3 轉大火，放入山蘇快速翻炒，等葉子顏色開
始轉深，同時放入破布子拌炒過。

破布子的湯汁一入鍋就會蒸發
鍋子要這樣才算夠熱喔

4 撒 1 小撮鹽拌勻，蓋上鍋蓋轉至中火燜煮約
1～2 分鐘，起鍋後試吃一下確認鹹味，趁
熱才好吃。

客家小炒

Hakka-Style Stir-Fry

本人不是客家裔，也沒有實驗精神去交往或通婚一個，所以我很難說這是道地的作法，只想請你們相信我的品味很好，這是多次調整過後，我最愛的客家小炒作法。

客家小炒是將所有的材料都切成條狀，用偏濃的調味勾出鹹甜回甘的層次。材料都一樣大小，入口時更能感受不同食材的口感，魷魚的軟 Q 嚼勁，豬五花煸乾後的香酥，還有蔥蒜輕脆的質地，每咬一口都有不同口感，簡直客家出奇蛋。

乾魷魚要發得好，入口時才不會太硬咬到老，讓我為您隆重介紹——666 一路發專案。

前一天晚上將乾魷魚泡水至少 6 小時，睡前換一盆乾淨的水，放入冰箱過夜至少 6 小時，醒來後再換一盆乾淨的水，繼續泡至少 6 小時，直到用之前。

\# 乾魷魚用剪刀剪一小塊拿去泡
\# 剩下的密封回冷凍

別以為結束了，發起來不能只是口號，還要有實際行動才會好吃。五花肉必須在鍋裡用中小火慢慢煸到油脂釋放出來，外皮開始變皺，甚至有一點點焦黃，成品自然香酥可口，而不是滿口豬油味。放入發好的魷魚和豆干拌兩下，就要轉大火快速爆炒到上色，不然發好的魷魚還是會炒到乾掉喔！

材料

4 人份

乾魷魚⋯⋯⋯⋯ 40g（發泡後約為 80g）	醬油膏⋯⋯⋯⋯⋯ 1 小匙
五花肉⋯⋯⋯⋯ 150g，切條	烏醋⋯⋯⋯⋯⋯⋯ 1 小匙
豆干⋯⋯⋯⋯⋯ 2 片，切片	糖 ⋯⋯⋯⋯⋯⋯ ½ 小匙
蒜頭⋯⋯⋯⋯⋯ 3 顆，切片	芹菜⋯⋯⋯⋯⋯⋯ 2 支，去葉後切小段
辣椒⋯⋯⋯⋯⋯ ½ 根，切片	蒜苗⋯⋯⋯⋯⋯⋯ ½ 支，拍過後切斜片
薑⋯⋯⋯⋯⋯⋯ 3 片	米酒⋯⋯⋯⋯⋯⋯ 2 大匙
蠔油⋯⋯⋯⋯⋯ 1½ 大匙	白胡椒粉 ⋯⋯⋯⋯ 少許

作法

1 處理乾魷魚，見前頁 666 一路泡到發，換水是要把腥味去除。

2 泡完後撕掉紫色薄膜，然後逆紋切條。頭到尾的方向是順紋，轉 90 度就是逆紋切，這樣魷魚才不會炒完都捲起來了。

3 用中小火熱鍋，下 1 小匙炒油（份量外）加熱，放入五花肉慢慢拌炒，炒約 3 分鐘直到油脂會釋放出來。

4 把油倒掉一半，放入魷魚條和豆干片繼續用中火纏綿，半泡半炒個 30 秒。把火轉大，迅速將材料煎炒呈金黃色，整體酥香但魷魚還是軟嫩的。

這步驟如果太久魷魚還是會硬給你看
開大火代表後面的動作都要快一點

5 放入蒜片、辣椒片和薑片，快速拌炒約 15 秒直到香氣出來。

6 火力轉弱至中大火，加入蠔油、醬油膏、烏醋和糖，翻炒到醬汁稍微收乾。

7 加入芹菜和蒜苗拌炒，晚放是為了保留口感，顏色也好看，不會跟醬汁和在一起。

8 把火轉到最大，沿著鍋壁嗆入米酒，撒上白胡椒粉拌炒一下即可起鍋。

魚香茄子

Fish Fragrant Eggplant

油炸料理為何如此好吃，剩下的廢油為什麼這樣難處理，恨。

我想炸油就是上天派給人類的考驗吧，時時警惕自己的欲望，如果油炸食物不用處理炸油，我們這些人一定排骨、炸雞、薯條從週一炸到週日，最開心。

做這道菜茄子一定要炸過，沒有商量的餘地，炸過的茄子變成耀眼的金條，散發迷人的焦香。好消息是，茄子炸好可以擱著，

放一陣子也不礙事，我們的替代方案就是用少量的炸油，分批將茄子乖乖炸好，油量只要可以蓋過茄子即可，用圓弧狀的中式炒鍋，或小一點的鍋子裝最好。千萬別用寬底的鍋子來做，這樣油量會大增。

用剩的炸油，趁熱小心地過濾乾淨，要把殘渣都濾掉，放涼後蓋上蓋子，看天氣常溫或冷藏保存，可再炸一至兩次，或者拿來當平常的炒油。剩下廢油的處理方式，是倒進裝滿報紙的袋子或容器裡，丟到垃圾桶。

最後來個艾克講古。

魚香茄子沒有魚，是蔥、薑、蒜和肉末以及醬料爆炒過，帶出香、甜、鹹、辣的滋味，很像用來料理魚的調味，故得此名。已經知道的人謝謝你的耐心，剛剛知道的人也別慌，下次就換你秀別人一波。

材料　4 人份

茄子…………… 2 條（約 350g）	豬絞肉…………… 30g
炒油………… 1 大匙	醬油…………… 1½ 大匙
蒜頭………… 4 顆，切末	辣豆瓣醬……… 1 大匙
薑…………… 5 片，切末	糖……………… 1 小匙
辣椒………… ½ 根，切末	白醋…………… 2 小匙
蔥…………… 2 支，切花	

作法

1 茄子切成約 8 公分長段，每段對切成 4 根茄子條。

2 準備一小鍋炸油（份量外），量可以蓋過茄子就夠了，分次炸沒關係。用中大火熱油，茄子下鍋會冒泡就代表溫度到了，炸到茄子肉略帶金黃、茄子皮變亮紫色，炸好取出瀝乾，最好放在廚房紙巾上吸去多的油，如果你不想下地獄的話。

這是茄子最美的時候好好欣賞
過了這站它就每況愈下了
炸茄子時泡泡越細溫度越低
泡泡越大溫度越高

3 炒魚香醬，下油熱鍋，用中大火將蒜末、薑末、辣椒末和一半的蔥花爆香。

4 加入豬絞肉，用炒勺快速地壓炒開來，直到豬肉都變成白色。

5 加入炸好的茄子，拌兩下後倒入醬油、辣豆瓣醬、糖和白醋，翻炒燒煮至醬汁收濃稠。

6 試吃看看味道，若茄子沒吃進去醬色的話可能是鍋內醬汁不夠，適當加水或提高醬汁的比例，盛盤後撒上蔥花。

白菜滷

Taiwanese Braised Cabbage

白菜滷是很容易做出比館子還要美味的一道菜，一不小心就再
次愛上自己的才華。比鮮味，在家做，寵自己買好一點的食材
永遠不嫌貴，你都不愛自己了誰來愛你。比新鮮度，館子裡的
白菜感覺都滷好半年了，全家癱軟在那，很難達到軟硬適中的
口感。

材料表裡的珠貝、乾香菇、蝦米和扁魚，都是讓白菜滷鮮美的
要角，我覺得白菜滷要好吃，只要下足珠貝，絕對鮮到你叫不

敢，簡直像撒了糖那麼甜。配方裡的 50g 是低調奢華，你要土豪一點加到 70、80g 也行。

雖然叫做滷，但所有的食材都得煎炒過，風味才會足，不建議發懶扔電鍋，成品差太多了，值得你投資時間慢慢炒，只能它滷不許你魯。處理扁魚的時候小心鍋溫別太高，用中小火慢慢焙，整片都變成金黃色就可以撈出來放涼，溫度太高很容易帶出焦苦味，要留心。

配方有附上蛋酥的作法，酥脆焦香的質地對應軟嫩的白菜滷，多了一層不同的口感，只是想到炸油就頭痛，不用每次做白菜滷都配蛋酥，劇追完了或有重要的客人來再費心處理吧！

材料 ｜ 4 人份

蛋……………1 顆

珠貝（或干貝）50g

乾香菇………2 朵

蝦米…………1 大匙

大白菜………½ 顆

炒油…………2 ～ 3 大匙

扁魚片…………3 片（約 15g）

蒜頭…………5 顆，拍過後切碎

鹽……………少許

白胡椒…………少許

香油……………少許

tips ────────────────────────

· 製作蛋酥，蛋打散備用，熱一小鍋炸油（份量外）加熱到攝氏 180 度，滴一小滴蛋汁測試溫度，下鍋馬上冒出泡泡溫度才夠。

· 一手拿台式漏勺（很多小圓孔洞那支），一手拿蛋汁的碗，舉在空中離鍋面大概 15 公分，將蛋汁緩慢透過漏勺留下，蛋汁滴進油裡變成蓬鬆的蛋酥。

· 全部都倒進去後，用漏勺攪拌一下以免黏成一鍋，瀝乾倒在廚房紙巾上吸一下罪惡感。| 見步驟圖 A

A | B
───┼───
C | D

作法

1 珠貝和乾香菇泡在一小碗水裡，15 分鐘軟化後瀝乾，香菇切細絲。蝦米最後也跟著進去泡 1 分鐘，取出一樣瀝乾備著。

湯汁也留著當高湯用

2 大白菜一葉一葉剝開，過清水洗淨後瀝乾，然後將底部硬的菜梗用手撕起來，剩餘的嫩葉撕成大塊。

3 終於全部都準備完了，真苦，倒杯酒鼓勵一下自己。

4 準備一支燉鍋，同時下炒油和扁魚片，用中小火慢慢地把扁魚煸到金黃焦亮，大概需要 2 ～ 3 分鐘。把扁魚撈起來放在廚房紙巾上瀝油，冷卻後變得酥脆，逆著魚刺的紋路把扁魚切碎。|見步驟圖 B、C

一直覺得煸扁魚會冒出一股瓦斯臭味
溫度不可過高以免焦黑轉苦

5 同支鍋子轉中大火，加入蒜碎、干貝、乾香菇和蝦米炒香，加入硬的菜梗拌炒，大概需要 1 分鐘直到菜梗外層暈成淡淡的金黃色。|見步驟圖 D

6 放入剩餘的嫩葉和扁魚碎，簡單炒幾下後加入步驟 4 的乾貨水。

7 大火煮滾後轉小保持微滾，讓葉菜軟化釋出水分，用這個水來燉味道才會鮮甜。若覺得水不夠，鍋底都要燒焦了，還是可以適時加入少許的水。

加太多味道會被稀釋喔

8 撒上少許的鹽和胡椒調味後蓋鍋燉煮，用中小火煨約 20 分鐘，開蓋繼續煮 5 分鐘收乾水分，試吃一下味道確認鹹度，上桌時淋上香油和蛋酥，趕快趁熱爽吃一波自己辛苦燉出來的白菜滷！

涼筍沙拉

Bamboo Shoot Salad

白富美出身的涼筍，自帶貴族霸氣，有什麼菜可以和涼筍沙拉一樣，燙過就大喇喇地上桌，根本就是冷盤王者。

做涼筍要記得帶殼煮，風味才不會流失。做筍湯時剝殼又切塊，是為了讓筍子甜味釋放到湯裡頭。調味的美乃滋看個人喜好，傳統台式的對我來說有些太甜，我比較偏好日本的 Kewpie Q 比美乃滋，帶一點酸味。

竹筍種類眾多，挑選方法也有點不同，這邊不跟各位說明怎麼挑，畢竟連我自己都背不起來，個人最推薦找一個順眼的攤販，固定跟他買培養感情，把自己當作嫁入豪門的明星，為了拿到最甜的竹筍不擇手段，連感情都可以犧牲。每一次買都要叮嚀，我要甜的，請他幫你挑，除非他糟到你無法經營這段婚姻，連筍子都不甜了，要不然就死賴著他，蹲久了，就是你的。

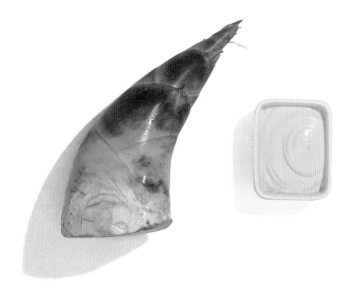

材料 | 2～3人份

緑竹筍…………1支　　美乃滋…………適量

作法

1 竹筍過清水洗淨，用刀尾在筍殼劃開 1 刀。

2 竹筍入水鍋，加入可以蓋過竹筍的水（份量外）。

3 蓋上鍋蓋後，用中大火煮滾，然後轉中小火煮 20 分鐘，途中別掀蓋。

4 熄火後繼續蓋鍋燜著，放 20 分鐘。

聰明如你
都看得出來這是竹筍防老措施

5 準備一鍋冰塊水（份量外），將竹筍取出後直接泡進去 chill 一波，竹筍通體冷卻後用手把殼剝掉。

沒冰塊就沖冷水直到冷卻

6 削掉底部咖啡色部分，筍肉用滾刀方式切成塊狀後盛盤。

7 美乃滋裝入任意袋子用小刀或剪刀開 1 細口，渾身充滿創作能量地擠上美乃滋就完成囉。

竹筍炒肉絲

Bamboo Shoot with Shredded Pork

喜歡脆口又甜潤的竹筍炒肉絲，卻不怎麼喜歡聽到這道菜，因為每次家裡長輩在訓話時，都會附帶一句，「你再不乖，我就請你吃竹筍炒肉絲喔！」

是不是很逼人，該表現出嚇到的惶恐呢，還是應該要附和兩個笑聲，喔喔哈哈。

最討厭的是偶爾還 combo 連招，後面跟一句：「騙你的啦哈哈

哈⋯⋯」

不然呢我真的以為你要進廚房炒菜了嗎？

羨慕現在的小朋友，不是因為聽不到這句話，我想它會一直在長輩圈雋永地流傳下去。現在都用通訊軟體聯絡了，一個不爽只要已讀不回就好，所有的情緒停在那，多好，手機收著戴上耳機繼續聽歌。已讀不回真是人類最偉大的發明，我儼然就是逆子啊老天爺對不起。

回到料理，竹筍炒肉絲的美味密碼，就是竹筍要好吃，surprise，家常菜嘛，沒什麼調味，食材就決定一切。上攤販請老闆幫你挑支甘甜的筍子，大火爆炒後俐落盛盤，火力要足，才不會炒的湯湯水水，每次翻炒都用鏟子從鍋底往上攪，讓食材均勻的高溫加熱喔！

材料 | 2～3 人

綠竹筍………1 支（去殼後約 250g）　豬肉絲…………50g

炒油…………1 小匙　　　　　　　　鹽………………少許

蒜頭…………1 顆，拍過　　　　　　白胡椒…………少許

作法

1 用刀尾在筍殼劃開 1 刀（必要時可再下刀），
把殼剝掉，並削掉底部咖啡色部分。

2 竹筍先切成片狀，乖乖排好後再切成絲狀。

3 下油熱鍋，用大火將蒜頭炒香，接著放入豬
肉絲，翻炒至差不多都變成白色。

4 放入竹筍絲一起翻炒，等竹筍出水飄出香氣
便就可熄火，用鹽和白胡椒調味一下，試吃
看看鹹度即可上桌。

喜歡的話也可磨些白胡椒喔

小菜

Stater

滷味

Luwei /
Taiwanese Braised Snacks

如果可以當滷味，我願化作一顆最魯的滷蛋，在鍋底守護大家。

長大才發現，這個世界變化的好快。在念書的時候，大家都強調要有一技之長，出社會才不會餓死，一個專長凱瑞你一輩子。

什麼時候開始，一技之能不夠用了，這個社會要求的好多，把每個人都塑造成機器人，乘著火箭往前衝。人人都擔心自己沒有競爭力，看到什麼學什麼，連英文都變成了基本能力，隨便

一個人都有第二第三語言。但是，有人問過你累了嗎？

直到有一天人們開始醒了，了解跟著這個欲望制度走下去，是
沒有出口的一天。看清再怎麼工作和努力，也買不起房，連傳
承下來的夢想都無法實現。

於是我們開始廢，開始佛，開始問自己真正想要的是什麼，成
為厭世的一員。不知道未來在哪裡，那我們就靜下心來，過自
己生活的節奏，掌握自己的喜好，做自己最喜歡的樣子。用真
實的樣貌，拒絕別人對你期待的情緒勒索，讓這個世界走向我
們相信的價值觀。

材料	滷料 依個人喜好	生花生	棒棒腿（翅小腿）
		蛋	小雞翅（翅中）
		豆干	海帶
	滷汁 約1.5L	蒜頭⋯⋯⋯1 顆，拍過	醬油⋯⋯⋯200g
		薑⋯⋯⋯⋯4 ～ 5 片	水⋯⋯⋯⋯800g
		辣椒⋯⋯⋯½ 根	八角⋯⋯⋯1 顆（裝入滷包）
		糖⋯⋯⋯⋯2 大匙	丁香⋯⋯⋯2 顆（裝入滷包）
		米酒⋯⋯⋯500g	陳皮⋯⋯⋯3g（裝入滷包）

作法

1 準備滷料。生花生非常頑強，喜歡帶脆心口感的人泡水
  2.5 個小時，我自己偏好軟綿口感，所以要前一晚泡水放
  冰箱冷藏，隔天早上瀝乾後裝袋，放入冷凍庫至少 3 個
  小時破壞組織。

2 製作水煮蛋。蛋先放室溫退冰，時間趕就泡在溫水裡。
  燒一鍋水，滾沸後把常溫蛋放在湯勺裡入鍋（避免直接
  丟蛋下去把殼打破），計時煮 7 分鐘，時間到後撈起，
  沖冷水直到完全冷卻，剝殼備用。

3 製作滷汁。少許炒油（份量外）熱鍋，用中大火把蒜頭、
  薑片和辣椒炒香，稍微上色後取出備用。

4 同支鍋子內加入糖，拿炒勺鋪平在鍋面，用中小火慢慢
  加熱至融化成透明的糖漿，接著會轉成咖啡色的焦糖。

  # 動作快小心此時容易焦黑變苦

5 加入剛剛步驟 3 的辛香料拌勻，然後嗆入米酒和醬油，
  燒至滾沸、醬香飄出後倒入水和滷包，煮滾後轉中小火，
  保持微滾熬約 30 ～ 40 分鐘，取出滷包完成滷汁。

6 辛苦的路走完了，剩下的，就是魯在一起了。依各種滷
  料的烹煮時間入鍋，從最久的開始滷，常見食材依序如
  下——

  花生：至少 2 小時，有時要到 3 小時呢！
  豆干：2 小時 ｜ 棒棒腿：1.5 小時
  小雞翅：1.5 小時 ｜ 海帶：30 分鐘
  滷蛋：將滷汁另外取出放到溫涼，跟水煮蛋一起裝袋冰一晚
      入味。

7 滷完後依個人喜好切成入口大小，喜歡的話可以淋上香
  油和蔥末裝飾與提味。

滷牛肚與牛腱

Braised Beef Tripe and Shank

魯跟廢的奧義，在於追求軟爛，不是絕對的軟跟爛，而是恰如其分，軟出自我，爛得精彩。廢不是要你變成植物待在家裡不動，而是跟自己對話，妥善運用時間，不汲汲營營的盲目追求流行。

如果滷牛肚牛腱時，你真的廢到爆掉，那整鍋出爐時也就軟爛粉粉的，毫無口感可言。

在燉煮的時候，只要用筷子可以輕鬆插過去食材，就代表夠軟了，畢竟牛肚和牛腱都是切成薄片享用，不用燉到像控肉那樣。燉完之後，最好等牛腱冷卻再進冷藏冰到定型，在冰涼的狀態下切才不會散掉。

牛肚下鍋前一定要乖乖燙過，別看它一臉清純的潔白模樣，接觸熱水馬上就可聞到豬腥臭，撈出來洗乾淨後再去燉煮，才不會有雜味。剩下的滷汁可以留著備用，拿來滷豆干、海帶或蛋，想多魯就有多魯。大概 2～3 次後味道會變淡，勤儉持家的你如果想當老魯，鍋底加入新的滷包和醬油就可繼續用囉。

材料	4 ～ 6 人份			
滷料	牛腱心 … 3 顆		牛肚 ……… 1 顆	
滷汁	炒油 ……… 1 大匙		醬油 ……… 200ml	
	蒜頭 ……… 5 顆，拍過		冰糖 ……… 1 大匙	
	蔥 ………… 2 支，切段		鹽 ………… 1 小匙	
	辣椒 ……… 2 ～ 3 根		水 ………… 750ml	
	米酒 ……… 250ml			
滷包 全部裝袋備用	八角 ……… 1 顆		月桂葉 …… 2 片	
	丁香 ……… 5 顆		柳橙 ……… 1 顆，取皮	
	肉桂棒 … 1 根			

作法

1 燒滾一大鍋水，放入牛腱和牛肚汆燙約 5 分鐘
去掉血水與雜味，撈起後過清水洗淨備用。

2 下油熱一燉鍋，用中大火爆香蒜頭、蔥段和辣
椒，炒到稍微上色。

3 加入米酒、醬油、冰糖和鹽，大火煮滾後加入
牛肚、水和滷包，再次煮滾。

4 牛肚一共要滷 2 個多小時，牛腱滷約 1 個多小
時（視腱心大小）。所以牛肚先滷，1 小時後
再放入牛腱。

5 時間到後熄火，鍋蓋繼續蓋著，放置至少 1 小
時燜著降溫，繼續入味。

6 想吃溫的就取出切片，想吃冷的就放涼，時間
夠的話還可泡著放冰箱一晚，入味到最滿！

上桌時可淋上香油和蔥花
並附上一碟辣椒醬
牛腱冰過再切才緊實不會散
吃多少切多少剩下的先冰著
多做的料冰一晚後瀝乾
整塊裝袋放冷凍保存

鹽水花生

Brined Boiled Peanuts

最台下酒菜我個人首推鹹水花生，軟綿鬆軟的質地在嘴裡越嚼越香，慢慢散出花生油脂香，八角清爽的風味很邪惡，讓你味覺不膩越吃越涮嘴，常常恨自己怎麼不煮多一些，劇都還沒演完啊！

製作過程不難，只是要讓它乖乖變軟需要一點技巧，原因是花生非常固執，需要長時間溝通態度才會軟化，但煮太久又擔心外皮變得粉爛不堪。建議料理前，先將花生泡過水，再拿去冷

凍，結凍會破壞裡頭的組織（講得好像什麼生科博士我只是廚師啊）。燉煮時也別急，用餘溫耐心的將花生泡到軟綿、外型仍然飽滿。

瀝乾的時候簡單甩兩下就好，留下少許湯汁在容器的底部，偶爾拌一下，讓花生可以均勻地吸收些鹹水，滑順程度更好。

挑選的時候，買已經去掉硬殼，裡頭還帶皮的生花生，別買錯。

對了，你知道花生不是堅果嗎？跟核桃、杏仁不同，花生是住在土裡的老實人，不過據說營養價值不似根莖物，更像堅果就是。

材料	6 人份		
	生花生·········300g		花椒················4g（可省略）
	八角··········1 顆		鹽················½ 大匙
	月桂葉·······1 片（可省略）		水 ················1L

鹽水花生 *Brined Boiled Peanuts*

作法

1　花生前一晚泡水放冰箱冷藏，隔天早上瀝乾後裝袋，放入冷凍庫至少 3 個小時破壞組織。

2　鍋內加入八角、月桂葉、花椒、鹽和水，大火燒至滾沸。

3　加入花生煮到再次滾沸，熄火蓋鍋用餘溫燜 1 個小時。

4　再次開火，滾沸後轉小火保持微滾，蓋鍋燉煮 1.5 個小時。

5　熄火後不要掀蓋，直到降溫至常溫後即可撈起花生，這些辛苦對待的寶貝們終於可以上桌了。

涼拌小黃瓜

Taiwanese Pickled Cucumber

我心中完美台式常備菜，一小罐冰得透徹、酸甜帶勁的小黃瓜。

醃漬黃瓜簡直就是射手座心中的完美情人，硬脆質地和可酸可甜的複合滋味，讓人永遠不厭倦。只是一提到醃漬料理大家就很擔心，可以放多久？會不會壞？對大部分的人來說醃漬物還是很陌生的。

這東西在家做實在簡單到不行，只要過程中容器乾淨、避免生水，做好的漬物放在冰箱至少可以保存一個月，隨時可以開來配餐點。製作方法是用調配好的糖醋水保存黃瓜，糖醋水要比直接飲用的調味濃上許多，酸甜滋味和辛香料才能入味到黃瓜裡。

黃瓜用拍裂的方式取代刀子切，這些不規則的紋路讓糖醋水更好滲透入味。如果當餐就要吃掉，或者不想等一晚，在洗掉鹽分後，直接拌入少許的糖和醋，省略飲用水，融化之後試吃一下味道，再次用糖和醋調整自己喜歡的酸甜比例即可。

材料 | 500ml

小黃瓜 ⋯⋯⋯⋯ 2 根　　　飲用水 ⋯⋯⋯⋯⋯ 250g

鹽 ⋯⋯⋯⋯⋯ 適量　　　白醋 ⋯⋯⋯⋯⋯⋯ 150g

蒜頭 ⋯⋯⋯⋯ 5 顆，拍過　香油 ⋯⋯⋯⋯⋯⋯ 1 小匙（可省略）

辣椒 ⋯⋯⋯⋯ 1 根，切段拍過　糖 ⋯⋯⋯⋯⋯⋯⋯ 70g

作法

1 小黃瓜切大段後，用厚實的菜刀拍到裂開，
變成一半或條狀，幫助等等入味。

騷包點可以先用刮皮刀
在表面削出兩層顏色

2 小黃瓜與 ½ 小匙的鹽抓醃過，靜置 5 分鐘，
小黃瓜表面會滲出水來。

3 用飲用水（份量外）洗去小黃瓜的鹽和滲出
的汁水，擠乾備用。

用飲用水洗生菌少可保存較久
當餐會吃完就用一般水沒差

4 取一玻璃容器，混合材料表剩餘的所有材料，
攪拌一下讓糖溶解，加入 1 小撮鹽後放入小
黃瓜拌勻。

5 密封冷藏至少一晚讓小黃瓜入味。

6 沒有一晚的人怎麼辦？把步驟 3 處理好的小
黃瓜，直接拌入適量的糖和白醋，放蒜頭和
辣椒抓勻後靜置 30 分鐘入味，試吃一下，可
能需要調整酸甜比例。

台式泡菜

Taiwanese Pickled Cabbage

台式泡菜是用調味醋水去冷醃食材，不只是高麗菜，多數可以生食的材料，像是紅蘿蔔和蘑菇都可如法泡製。鹽醋水冷醃是廢寶們的廚房好幫手，比起真正控制菌種發酵，去改變食物質地和風味的醃漬物，冷醃法只是小兒科，把東西扔進去泡著就行了，多適合我們，不用管什麼發酵不發酵。

相對應的還有熱醃法，就是將調味鹽醋水煮滾後，趁熱倒入處理好的食材裡頭封罐，用熱鹽醋水泡到半熟，再跟著冷卻醃漬

入味，豆類和根莖作物像是馬鈴薯、南瓜，就要用這種方法處理。無論冷醃熱醃，鹽醋水的調味都可以隨心所欲，加入喜歡的辛香料、香草或調味品，這個配方若額外淋上一點香油也是有夠讚。

很多人以為台式泡菜，只有在臭豆腐登場的時候會出現。No，no，no，你們的宇宙太狹隘了。每次家裡出現水餃、涼麵、沙拉或味道重的料理，像是控肉、炸排骨等，我就迫不急待從冰箱拿出心愛的醃菜，酸甜清爽又鮮脆，一入口就喚醒食欲和味蕾，輕鬆調整用餐節奏，備一罐在冰箱裡，你就是最讚的餐桌主人！

材料	850ml（約一碗公）		
	白醋…………350g	鹽…………………½ 大匙	
	糖……………150g	蒜頭……………6 顆，拍過	
	水……………200g	辣椒……………½ 根，切段拍過	
	高麗菜………½ 顆（約 600g）		